· 前端工程化系列 ·

Webpack+Babel入门与实例详解

姜瑞涛 / 著

電子工業出版社
Publishing House of Electronics Industry
北京•BEIJING

内 容 简 介

这是一本针对零基础前端开发者讲解 Webpack 与 Babel 使用方法的图书。随着前端工程的不断发展，Webpack 与 Babel 已成为前端开发的两大核心工具。目前，Webpack 是前端开发的主流构建工具，Babel 是转译 ES6 代码的通用解决方案。

本书由两大部分构成，第一部分介绍 Webpack，第二部分介绍 Babel。Webpack 部分讲解了 Webpack 的安装、资源入口与出口、预处理器与插件的配置、开发环境与生产环境的配置、性能优化及构建原理等。Babel 部分讲解了 Babel 入门知识、Babel 的配置文件、预设与插件的选择、babel-polyfill 的使用方法，以及@babel/preset-env 和@babel/plugin-transform-runtime 这两个核心配置项的使用方法，这一部分还会讲解 Babel 的原理及 Babel 插件的开发。最后，在附录中介绍了 Module Federation 与微前端，以及 Babel 8 前瞻等内容。

本书主要使用的 Webpack 版本是 v5.21.2，但对 v5.0.0 之后的版本都适用；主要使用的 Babel 版本是 v7.13.10，但对 v7.0.0 之后的版本都适用。

图书在版编目（CIP）数据

Webpack+Babel 入门与实例详解 / 姜瑞涛著. —北京：电子工业出版社，2022.1
（前端工程化系列）
ISBN 978-7-121-42472-4

Ⅰ. ①W… Ⅱ. ①姜… Ⅲ. ①网页制作工具－程序设计 Ⅳ. ①TP392.092.2

中国版本图书馆 CIP 数据核字（2021）第 241675 号

责任编辑：付　睿
印　　刷：三河市龙林印务有限公司
装　　订：三河市龙林印务有限公司
出版发行：电子工业出版社
　　　　　北京市海淀区万寿路 173 信箱　　邮编：100036
开　　本：787×980　1/16　印张：17.75　字数：312 千字
版　　次：2022 年 1 月第 1 版
印　　次：2022 年 1 月第 1 次印刷
定　　价：89.00 元

凡所购买电子工业出版社图书有缺损问题，请向购买书店调换。若书店售缺，请与本社发行部联系，联系及邮购电话：（010）88254888，88258888。

质量投诉请发邮件至 zlts@phei.com.cn，盗版侵权举报请发邮件至 dbqq@phei.com.cn。

本书咨询联系方式：（010）51260888-819，faq@phei.com.cn。

前言

Webpack 和 Babel 是前端工程领域最核心的两大工具。我回想起，自己最初从事前端开发工作的时候，面对着技术社区杂乱的 Webpack 和 Babel 资料，在很长一段时间内都感到迷惑与不解。

做前端开发工作的第一年，我被 Babel 的那堆 babel-preset-es2015、babel-preset-es2016、babel-preset-stage-0、babel-preset-stage-1、@babel/preset-env 和@babel/plugin-transform-runtime 配置项搞得晕头转向，经常问自己到底该用哪些配置项，到底该怎么配置。

我处于这种混乱的状态整整一年之后，才渐渐对 Babel 有所认知，但是这种认知也很不全面。我从 Babel 6 到 Babel 7 学到的大量知识都是错误的和即将被淘汰的。这些零散的、错误的知识碎片增加了初学者的学习难度。

对于 Webpack，我差不多也曾处于一样的状态。在 2016 年年底，我第一次接触到 Webpack，当时公司项目用的构建工具还不是 Webpack，而技术社区内已经渐渐开始流行使用 Webpack 构建前端工程了。当时没有完整的 Webpack 资料，官方文档也不容易理解。于是我找了一些文章，尝试学习，不过没有学明白。这是因为 Webpack 是基于 Node.js 的，而我当时不会 Node.js，于是我又开始学习 Node.js。

几年时间过去了，我对 Webpack 越来越熟悉。这中间走了很多弯路，例如，为了掌握 Webpack 的常规配置而深入学习 Node.js，其实只需要会用几个 Node.js 的模块函数就可以了，等等。

我觉得前端工程领域需要一本对新人友好的 Webpack 与 Babel 图书，于是我将自己的技术博客文章整理成了本书。我在本书中对博客文章中的 Webpack 部分进行版本升级，本书使用的是 Webpack 5 版本，针对 Babel 部分还增加了原理和插件开发的内容。本书是一本全方位地给初学者讲解 Webpack 和 Babel 的图书，希望可以帮助读者成为更优秀的 JavaScript 开发者。

本书主要由 Webpack 和 Babel 两大部分构成，Webpack 部分是第 1 章到第 8 章，Babel 部分是第 9 章到第 12 章。这两部分内容相对独立，读者可以选择自己感兴趣的部分阅读。

本书中主要使用的 Webpack 版本是 v5.21.2，但对 v5.0.0 之后的版本都适用；主要使用的 Babel 版本是 v7.13.10，但对 v7.0.0 之后的版本都适用，而且还对 Babel 版本的变化给出了详细的说明。建议读者安装与书中版本一致的工具软件，这样可以减少 npm 包版本带来的差异。

本书使用的某些 npm 包在未来可能因依赖升级而发生错误，这时可以通过将 x.y.z 版本号中的 y 升级到最新版本来尝试修正该错误。另外，因为 Webpack 生成 hash 值的算法比较特殊，所以读者在自己电脑上执行代码时生成的带 hash 值的文件名可能与书中不一样。读者在查看某些运行结果时，需要手动更改打包编译后的文件名。

在阅读本书时，如果遇到有问题或错误的地方，可以在本书的 GitHub 代码仓库（见链接 15）[1]上通过 Issue 反馈给我。

感谢关注我技术博客（见链接 16）的读者们，你们的支持和赞誉给了我写作本书的动力。

感谢张东东和孟津，你们在我还是一个新人时就给予了我很多帮助，一直激励着我深入前端开发的学习。

最后，感谢付睿编辑，你在我写作本书的过程中给予了我不少帮助，没有你的耐心指导就没有本书的出版。

姜瑞涛

1 请访问 http://www.broadview.com.cn/42472 下载本书提供的附加参考资料。正文中提及链接 1、链接 2 等时，可在下载的“参考资料.pdf”文件中进行查询。

目录

读者服务

微信扫码回复：42472

- 获取本书配套代码和参考资料地址
- 加入本书读者交流群，与作者互动交流
- 获取【百场业界大咖直播合集】（持续更新），仅需 1 元

第1章

Webpack 入门

本章主要讲解 Webpack 的基础知识，目的是快速入门 Webpack，知道它是做什么的，并学会最简单的使用方法，为后续深入学习做准备。本章的主要内容包括 Webpack 简介、Webpack 5 的安装及注意事项、通过配置一个最简单的 Webpack 前端工程来学习 Webpack 的整个打包流程，以及对 Webpack 预处理器的初步学习。

Webpack 是前端开发领域比较难理解的部分。如果读者是一名前端开发新人，在学习本章的过程中遇到了感到迷惑的地方，建议先尝试学完本章，然后把后续章节的目录与简介看一看，知道大概有什么内容，之后随着自己开发经验的增加再学习相关知识。

要掌握好 Webpack，需要对 Web 开发有一个整体的认知，包括网络基础、HTTP、服务器程序、Web 性能与安全等。等读者对这些有了一些认知后，再重新学习，一定会有更深的理解。

若读者对前端工程化有一定的经验或是对 Webpack 有一些了解，可以在学完本章后接着学习后续章节。

1.1 Webpack 简介

Webpack 是一个模块打包工具（module bundler），它可以对 Web 前端和 Node.js 等应用进行打包。因为 Webpack 平时多用于对前端工程打包，所以也是一个前端构建工具。Webpack 最主要的功能就是模块打包，官方对这个打包过程的描述如下。

At its core, webpack is a static module bundler for modern JavaScript applications. When webpack processes your application, it internally builds a dependency graph which maps every module your project needs and generates one or more bundles.

官方的描述不太容易理解。对于模块打包，通俗地说就是：找出模块之间的依赖关系，按照一定的规则把这些模块组织、合并为一个 JavaScript（以下简写为 JS）文件。

Webpack 认为一切都是模块，如 JS 文件、CSS 文件、jpg 和 png 图片等都是模块。Webpack 会把所有这些模块都合并为一个 JS 文件，这是它最本质的工作。当然，我们可能并不想让它把这些模块都合并成一个 JS 文件，这时我们可以通过一些规则或工具来改变它最终打包生成的文件。

在第 1 章中，我们将主要学习 Webpack 最本质的工作。在后续章节中，我们将学习一些规则和工具来改变或扩展它的工作。

注意：

1）官方的描述见链接 1。

2）打包工具与构建工具有什么不同？对于前端工程，可以认为这两者是一个意思，本书中不对它们做区分。

3）读者可能听过 Grunt 和 Gulp 这两个构建工具，也了解过它们与 Webpack 的区别，但总觉得无法真正理解。其实看再多遍对它们区别的描述，都不如亲手实践的感受直接。

1.2 安装 Webpack 5

本节主要讲解 Webpack 的安装，主要包括两部分：安装 Node.js 和安装 Webpack，接下来会分别进行讲解。

1.2.1 安装 Node.js

使用 Webpack 前需要先安装 Node.js，若还没有安装的话，先去 Node.js 官网下载并安装最新的 LTS（长期支持）版本的 Node.js。点击网页左侧 LTS 版本的按钮，浏览器会自动完成下载，如图 1-1 所示。在官网下载页面中还可以下载更多操作系统的 Node.js。

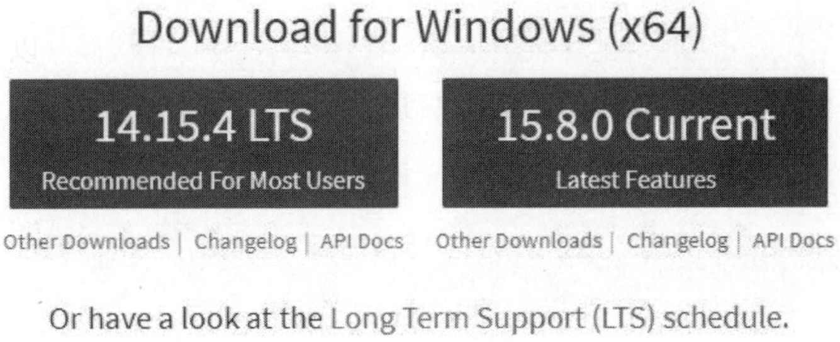

图 1-1 官网下载页面

下载完 Node.js 安装包后，执行安装程序，在所有对话框中保持默认值不变即可完成安装。

本书使用的 Webpack 版本是 5.21.2，需要的 Node.js 最低版本是 10.13.0，请确保 Node.js 版本不低于该版本。

在写作本书时，Node.js 的 LTS 版本是 14.16.0，该版本已经不支持 Windows 7 操作系统。若读者电脑是 Windows 7 操作系统的，可以下载安装 12 版本的 Node.js，也可以在我的网站（见链接 16）留言获取 12 版本的 Node.js 安装包。

1.2.2 安装 Webpack

Webpack 有两种安装方式，分别为全局安装与本地安装。无论哪种安装方式，都需要安装两个 npm 包：webpack 和 webpack-cli。webpack 是 Webpack 核心 npm 包，webpack-cli 是命令行运行 webpack 命令所需的 npm 包。

接下来介绍一下这两种安装方式。

1. Webpack 的全局安装

下面的命令用于全局安装 Webpack，安装的版本是最新的长期支持版本。

```
# 全局安装最新的长期支持版本 Webpack
npm install webpack webpack-cli -g
```

如果要安装指定版本的 Webpack，可以在安装的包名后面以@x.x.x 形式加上版本号。

```
# 全局安装指定版本 Webpack
npm install webpack@5.21.2  webpack-cli@4.5.0 -g
```

我们安装的是 Webpack 5，目前对应的 webpack-cli 大版本是 4，以上两个包都必须安装。在之前的 Webpack 3 时期，不需要安装 webpack-cli。

2. Webpack 的本地安装

本地安装最新的长期支持版本 Webpack 的命令如下。

```
#该命令是 npm install webpack webpack-cli --save-dev 的缩写
#本地安装最新的长期支持版本 Webpack
npm i webpack webpack-cli -D
```

本地安装指定版本 Webpack 的命令如下，本地安装指定版本 Webpack 的方式与全局安装 Webpack 的一样，都是在包名后面以@x.x.x 形式加上版本号。

```
#该命令是npm install webpack@5.21.2  webpack-cli@4.5.0 --save-dev的缩写
#本地安装指定版本 Webpack
npm i webpack@5.21.2  webpack-cli@4.5.0 -D
```

在学习本书的时候，建议安装与书里一致的版本，以便观察 Webpack 构建前后的代码。

1.2.3　全局安装与本地安装 Webpack 的区别

全局安装的 Webpack，在任何目录下执行 webpack 命令，都可以调用 webpack 命令进行打包。而本地安装的 Webpack，必须先找到对应目录 node_modules 下的 webpack 命令文件，然后才能执行打包命令（如果使用 npx 或 package.json 的 scripts，会帮助我们自动寻找文件）。

考虑到全局安装的 Webpack 的版本可能会与本地工程中的版本不一致，我们推荐使用本地安装。

全局安装与本地安装的 Webpack 是可以共存的。在开发大多数前端项目的时候，都需要进行本地安装。因为只进行全局安装的话，可能会因为版本不一致的问题导致本地项目构建出错。

本地安装的 Webpack，必须找到对应目录 node_modules 下的 webpack 命令文件，然后才能执行打包命令，因此一般需要拼接路径。

本地安装的 Webpack 进行打包，如果不想拼接路径，可以使用命令 npx webpack，或者在 package.json 文件里写入下面的命令并执行 npm run dev。这两种方式都会自动执行 node_modules 下的 webpack 命令，不需要拼接路径。

```
"scripts": {
  "dev": "webpack"
},
```

注意：

1）如果安装 npm 包太慢的话，可以通过以下命令设置 npm 镜像源为淘宝 npm 后再安装。

```
npm config set registry https://registry.npm.******.org（见链接 2）
```

2）npx webpack 命令里的 npx 是新版 Node.js 里附带的命令。运行该命令的时候默认会找到 node_modules/.bin/下的路径执行，与下面的命令等效。

Linux/UNIX 命令行如下。

```
node_modules/.bin/webpack
```

Windows 的 cmd 命令行（配套代码示例 webpack1-1 在 D:\jiangruitao\路径下）如下。

```
D:\jiangruitao\webpack1-1\node_modules\.bin\webpack
```

1.3 Webpack 快速入门

本节将配置一个简单的 Webpack 前端工程，以快速熟悉整个 Webpack 打包流程。

1.3.1 Webpack 的命令行打包

Webpack 的命令行打包是通过在命令行里执行 webpack 命令来完成的，我们通过一个案例来讲解，配套代码示例是 webpack1-1。

在本地新建一个文件夹 webpack1-1，在该文件夹下执行以下命令。

```
npm init -y
```

该命令会初始化一个项目并使用默认参数创建 package.json 文件。

接下来本地安装 Webpack。

```
npm install --save-dev webpack@5.21.2  webpack-cli@4.5.0
```

该命令安装了指定版本的 webpack 与 webpack-cli 包。这两个 npm 包的作用如下：webpack 包是 Webpack 核心包；webpack-cli 包是命令行工具包，在用命令行执行 webpack 命令的时候需要安装。详细的安装过程已经在 1.2 节中进行过讲解，请尽量安装与本书中版本一致的包。

我们要打包的 JS 文件有两个：a.js 和 b.js。在 b.js 文件里定义了一个值是 2022 的变量 year，然后在另一个 JS 文件 a.js 里引入 b.js 并把变量内容输出到浏览器控制台上。

项目下的主要文件如下。

```
|--a.js
|--b.js
|--index.html
|--package.json
```

a.js 文件的内容如下。

```
// 使用了 ES6 的模块化语法 import
import { year } from './b.js';
console.log(year);
```

b.js 文件的内容如下。

```
// 使用了 ES6 的模块化语法 export
export var year = 2022;
```

HTML 文件也很简单，用来引入 JS 文件，这里我们引入 a.js 文件。

index.html 文件的内容如下。

```
<!DOCTYPE html>
<html lang="en">
<head>
```

```
  <script src="a.js"></script>
</head>
<body>
</body>
</html>
```

现在我们在本地直接用浏览器打开 index.html，打开浏览器控制台，发现报错了。

浏览器会报错，一方面是因为浏览器对原始的 ES6 模块默认引入方式不支持，另一方面是因为本地 JS 文件调用外部模块存在安全问题。

这是我们需要解决的问题。

现在，我们尝试用 Webpack 把这两个文件打包成一个 JS 文件来解决这个问题。通过 Webpack 打包成一个文件后，ES6 模块语法就被消除了。

执行如下命令，该命令是 Webpack 5 的命令行打包命令。

```
npx webpack --entry ./a.js -o dist
```

上面命令的作用：从 a.js 文件开始，按照模块引入的顺序把所有代码打包到一个 JS 文件里，这个文件的默认名称是 main.js。Webpack 会自动处理打包后代码的顺序与依赖关系。--entry 用来指定打包入口文件，-o 是 out 的意思，表示输出目录，这里使用 dist 目录作为打包后的输出目录。注意，webpack 是打包命令，后面的内容是打包参数。

现在我们在 HTML 文件里引入 dist 目录下的 main.js 文件，打开浏览器控制台，发现可以正常输出数字 2022 了。

上面就是一个最简单的 Webpack 打包过程，我们观察打包后的 main.js 文件，其代码如下。

```
// dist/main.js
(()=>{"use strict";console.log(2022)})();
```

1.3.2　Webpack 打包模式 mode

我们在执行上面命令的时候，命令行控制台会出现警告信息，告诉我们没有设置 mode 参数，Webpack 将会使用默认的 production 模式。

Webpack 的打包模式共有三种：production、development 和 none，这三种模式是通过 mode 参数来指定的。production 和 development 这两种模式会分别按照线上生产环境和本地开发环境进行一些优化处理，而 none 模式会保留原始的打包结果。例如，production 模式是给生产环境打包使用的，打包后的 bundle.js 文件代码是压缩后的，1.3.1 节打包生成的 main.js 文件代码就被压缩成了一行。

在我们学习 Webpack 基本功能的时候，要避免额外的优化处理，因为它们会干扰我们对打包细节的理解。在第 7 章讲解 Webpack 性能优化之前，我们都会把 mode 参数设置为 none 模式来进行学习。

我们可以把打包命令改成 npx webpack --entry ./a.js -o dist --mode=none，该命令通过配置 mode 参数来告诉 Webpack 采用何种打包模式。现在把打包模式改成 none 模式，这样就不会压缩代码了。需要注意的是，该模式会保留打包的原始构建信息，因此打包后的代码会有几十行。

虽然我们可以在打包命令后面配上 mode 参数来告诉 Webpack 采用何种打包模式，但当命令参数过长的时候，使用起来就会不方便。此时，我们可以选择使用 Webpack 的配置文件。

1.3.3　Webpack 的配置文件

本节配套代码示例是 webpack1-2。

Webpack 默认的配置文件是项目根目录下的 webpack.config.js 文件，在我们执行 npx webpack 命令的时候，Webpack 会自动寻找该文件并使用其配置信息进行打包，如果找不到该文件就使用默认参数打包。

现在我们在项目根目录下新建 webpack.config.js 文件，其代码如下。

```
var path = require('path');

module.exports = {
  entry: './a.js',
  output: {
    path: path.resolve(__dirname, ''),
    filename: 'bundle.js'
  },
  mode: 'none'
};
```

对以上配置可以简单描述为：将 a.js 作为入口文件开始打包，将打包后的资源输出到当前目录下的 bundle.js 文件中。下面我们对这个配置文件里的代码进行详细解释。

第 1 行引入了 path 模块，path 模块是 Node.js 里的路径解析模块，因为 Webpack 是基于 Node.js 的，所以这里可以使用 Node.js 的功能。读者如果不熟悉 Node.js，可以将 path 模块看成一个普通的 JS 对象，该对象的一些方法可以供我们使用。后面我们会使用 path 模块的 resolve 方法，该方法的作用是将其接收的参数解析成一个绝对路径后返回。

接下来的 module.exports 是 CommonJS 模块导出语法，它导出的是一个对象，该对象提供了 Webpack 打包要使用的参数。

该对象有三个参数，分别是 entry、output 和 mode。

1）entry：Webpack 打包的入口文件，这里的入口文件是 a.js。

2）output:：Webpack 打包后的资源输出文件，它有两个属性，其中 path 表示输出的路径，filename 表示输出的文件名，这里把打包后的文件输出为当前目录下的 bundle.js 文件。

3）mode：Webpack 的打包模式，默认是 production，表示给生产环境打包。在不同的打包模式下，Webpack 会做不同的优化处理，例如 production 模式下会对打包后的代码进行压缩。这里设置成 none 模式，这样代码就不会被压缩了。在后续没有特别说明的情况下，我们都把 mode 设置为 none，以减少 Webpack 打包模式的干扰。

在使用 resolve 方法的时候，我们使用了__dirname。__dirname 是 Node.js 的一个全局变量，表示当前文件的路径。这样，path.resolve(__dirname, '')表示的其实就是当前文件夹根目录的绝对路径。

在命令行中执行 npx webpack 命令后，Webpack 就开始打包了，等待几秒就完成了打包。打包完成后，我们把 HTML 文件里引入的 JS 文件改成根目录下的 bundle.js，然后在浏览器中打开 HTML 文件，浏览器控制台正常输出数字 2022。

新的 index.html 文件内容如下。

```
<!DOCTYPE html>
<html lang="en">
<head>
  <script src="bundle.js"></script>
</head>
<body>
</body>
</html>
```

现在，我们学会了 Webpack 命令行参数打包与配置文件打包两种打包方法。在实际项目中，我们使用的都是配置文件打包。对于简单的项目，我们使用默认的 webpack.config.js 文件，对于复杂的项目，可能会区分开发环境、测试环境与线上环境而分别使用不同的配置文件，这些在后续章节中还会讲解。

注意：

要真正掌握 path.resolve 的解析规则，需要时间练习，本书中只会使用该方法解析简单的资源出口路径，即 path.resolve(__dirname, '')。此处该方法接收了两个参数，可以近似地理解为把两个路径参数用字符串拼接的方式连接起来。如果你不想深入学习 Node.js 项目开发，则不必深入研究 path.resolve 方法。

1.4 Webpack 预处理器

Loader 是 Webpack 生态里一个重要的组成部分，我们一般称之为预处理器。

Webpack 在打包的时候，将所有引入的资源文件都当作模块来处理。

但 Webpack 在不进行额外配置时，自身只支持对 JS 文件 JSON 文件模块的处理，如果你引入了一个 CSS 文件或图片文件，那么 Webpack 在处理该模块的时候，会通过控制台报错：Module parse failed...You may need an appropriate loader to handle this file type。

控制台告诉你模块解析失败，你需要一个合适的预处理器来处理该文件类型。

当 Webpack 自身无法处理某种类型文件模块的时候，我们就可以通过配置特定的预处理器，赋予 Webpack 处理该类型文件的能力。

1.4.1 引入 CSS 文件

我们来看一个例子，通过这个例子认识 Webpack 如何处理 CSS 文件模块，配套代码示例是 webpack1-3。

新建项目文件夹 webpack1-3，然后执行 npm init -y 命令来初始化项目。该项目将会使用一个 JS 文件和一个 CSS 文件。

新建相应的文件，目录结构及解释如下。

```
|--a.js
|--b.css
|--index.html
```

```
|--package.json
|--webpack.config.js
```

1）b.css：声明了.hello，.hello 里声明文字颜色是蓝色。

2）a.js 引入了 b.css。

3）webpack.config.js 是 Webpack 的配置文件，从 a.js 入口打包，输出 bundle.js 文件。

4）index.html 引入了打包后生成的 bundle.js 文件，并且有一个 div，该 div 的 class 为 hello，内容是"Hello, Loader"。

a.js 文件的内容如下。

```
import './b.css'
```

b.css 文件的内容如下。

```
.hello {
  margin: 30px;
  color: blue;
}
```

index.html 文件的内容如下。

```
<!DOCTYPE html>
<html lang="en">
<head>
  <script src="bundle.js"></script>
</head>
<body>
  <div class="hello">Hello, Loader</div>
</body>
</html>
```

webpack.config.js 文件的内容如下。

```
var path = require('path');

module.exports = {
  entry: './a.js',
  output: {
    path: path.resolve(__dirname, ''),
    filename: 'bundle.js'
  },
  mode: 'none'
};
```

先安装 Webpack，安装完成后执行 npx webpack 命令打包。

```
npm i webpack@5.21.2  webpack-cli@4.5.0 -D
```

这个时候会报错，提示我们需要安装相应的预处理器来处理 CSS 文件，如图 1-2 所示。

```
ERROR in ./b.css 1:0
Module parse failed: Unexpected token (1:0)
You may need an appropriate loader to handle this file type, currently no loaders
 are configured to process this file. See https://webpack.js.org/concepts#loaders
> .hello {
|   margin: 30px;
|   color: blue;
 @ ./a.js 1:0-16

webpack 5.21.2 compiled with 1 error in 182 ms
```

图 1-2 报错信息

1.4.2 Webpack 预处理器的使用

下面需要安装两个预处理器，分别是 css-loader 与 style-loader。

css-loader 是必需的，它的作用是解析 CSS 文件，包括解析@import 等 CSS 自身的语法。它的作用仅包括解析 CSS 文件，它会将解析后的 CSS 文件以字符串的形式打包到 JS 文件中。不过，此时的 CSS 样式并不会生效，因为需要把 CSS 文件插入 HTML 文件中才会生效。

此时，style-loader 就可以发挥作用了，它可以把 JS 里的样式代码插入 HTML 文件中。它的原理很简单，就是通过 JS 动态生成 style 标签并将其插入 HTML 文件的 head 标签中。

本节配套代码示例是 webpack1-4，与 webpack1-3 的代码基本一致。

下面安装这两个预处理器。

```
npm install css-loader@5.0.2 style-loader@2.0.0
```

在 webpack.config.js 文件中配置这两个预处理器。

```
var path = require('path');

module.exports = {
  entry: './a.js',
  output: {
    path: path.resolve(__dirname, ''),
    filename: 'bundle.js'
  },
  module: {
    rules: [{
      test: /\.css$/,
      use: ['style-loader', 'css-loader']
    }]
  },
  mode: 'none'
};
```

要对某种模块进行处理，我们需要为配置项新增 module 项。该项是一个对象，其 rules 里是我们对各个类型文件的处理规则配置。

1）test：取值是一个正则表达式，表示的含义是当文件名后缀是.css 的时候，我们使用对应 use 项里的预处理器。

2）use：取值是一个数组，数组每一项是一个预处理器。预处理器的执行顺序是从后向前执行，先执行 css-loader，然后把 css-loader 的执行结果交给 style-loader 执行。

现在我们执行 npx webpack 命令来完成打包，然后在浏览器中打开 index.html 文件，发现 CSS 样式生效了，文字颜色变成蓝色。

预处理器就是帮助 Webpack 处理各种类型文件的工具，我们将在第 3 章学习更详细的内容。

注意：

可能部分读者心里有疑惑，css-loader 为何不增加功能，在完成对 CSS 的解析后，将结果自动插入 HTML 文件中？这是因为在线上环境中，我们一般需要把 CSS 样式提取到单独的 CSS 文件中，如果 css-loader 把 CSS 样式插入了 HTML 文件，反而会干扰我们的线上代码。在对线上环境打包的时候，我们就不需要 style-loader 了，而是通过插件把样式代码提取到单独的文件。关于插件的知识，将在后续章节讲解。

1.5 本章小结

在本章中，我们讲解了 Webpack 的入门知识。Webpack 的核心功能是找出模块之间的依赖关系，按照一定的规则把这些模块组织、合并为一个 JS 文件。

在安装 Webpack 时，我们介绍了全局安装与本地安装，在开发实际项目的时候，一般使用本地安装。在学习本书的时候，建议本地安装本书指定的软件版本。

在使用 Webpack 打包的时候，我们介绍了命令行打包与配置文件打包两种打包方式。一般情况下，我们使用的都是配置文件打包，本书后续使用的也是配置文件打包。

预处理器在 Webpack 中占据着非常重要的地位，本章通过介绍 css-loader 与 style-loader 的使用，对预处理器进行了入门讲解。在第 3 章中，我们将会详细介绍它。

第 2 章

Webpack 资源入口与出口

本章讲解的重点是 Webpack 资源入口和出口。

我们以 Webpack 官网的构建示意图来讲解，如图 2-1 所示。

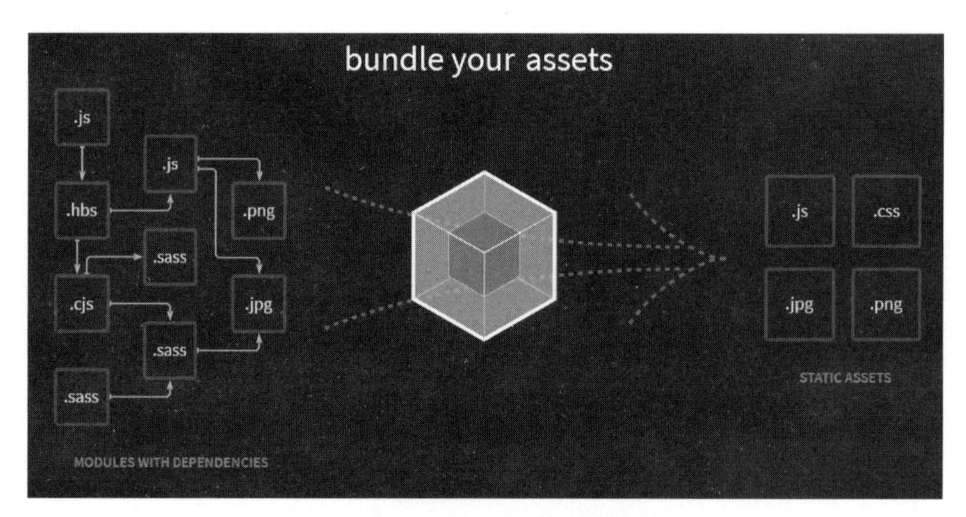

图 2-1　Webpack 官网的构建示意图

图 2-1 中箭头开始的.js 文件就是 Webpack 构建的资源入口，然后根据这个.js 文件依赖的文件，把相关联的文件模块打包到一个.js 文件中，从本质上说，这个打包后得到的.js 文件就是 Webpack 打包构建的资源出口。

当然，这个.js 文件通常不是我们最终希望打包出来的资源，我们希望可以将其拆分成 JS、CSS 和图片等资源。

Webpack 提供了对拆分功能的支持，在构建的时候，可以通过 Webpack 的预处理器和插件等进行干预，把原本要打包成的一个.js 文件拆分成 JS、CSS 和图片等资源。

我们以一个实际生活中的例子类比 Webpack 的打包过程，把 Webpack 的打包流程看作计算机厂家组装电脑。组装电脑需要从选定 CPU 开始，找出配套的主板、内存条和硬盘等。这些电脑配件就是 Webpack 的文件模块。CPU 是资源入口文件，计算机厂家需要根据 CPU 型号来选定配套的主板和内存条等，配套的主板和内存条就是打包过程中依赖的模块。

最终，将 CPU、主板、内存条和硬盘等组装好后的电脑就是打包好的资源文件，将组装好的电脑送往的物流仓库就是资源出口路径。

物流仓库要分别对主机、显示器和键盘外设进行单独装箱运输，这个过程就类似于将打包好的资源文件拆分成 JS、CSS 和图片等资源。

通过第 1 章，我们了解了 Webpack 最简单的打包过程，而通过对资源入口和出口的学习，读者将会对 Webpack 的打包有更深的理解。

2.1　模块化

本节会介绍 Webpack 中的模块化方法，主要包括 ES6 和 CommonJS 的模块化方法。

Webpack 是一个模块打包工具，将一切文件都视为模块。它本身支持非常多的模块化方法，下面将会介绍主要的模块化方法。

在进一步学习 Webpack 前，我们有必要先了解一些模块知识。

2.1.1 JS 模块化历史

在 JavaScript 这门语言最初的阶段，是没有模块化方法的，从它的名字就可以看出，这门语言的设计初衷是作为 Web 小脚本使用。后来随着其在网页应用中的大规模使用，不能模块化开始限制了它的发展。

这个时候社区中出现了一些模块化规范，比较著名的有 CommonJS、AMD 和 CMD 等。通过遵守这些规范，JS 就可以进行模块化使用。

社区的模块化规范可以解决大部分 JS 模块化的问题，但各种模块化规范并不统一，有学习和兼容成本。于是，JS 在制定 ES6 语言标准的时候，提出了自己的模块化方案，也就是现在的 ES6 Module（ES6 模块化）。

ES6 Module 经过多年的发展，已经广泛应用于 JS 开发领域。

目前，JS 模块化使用的主要是 ES6 Module 和 CommonJS 这两种，后者在 Node.js 开发领域非常流行。

2.1.2 ES6 Module

ES6 的模块化语法主要有 export 模块导出、import 模块导入，以及 import()函数动态加载模块。

1. export 模块导出

```
// 导出的模块有两个变量 year 和 age，以及一个函数 add
// a.js
export var year = 2022;
export var age = 18;
export function add(a, b) {
  return a + b;
}
```

上面的导出代码也可以换一个写法。

```
// 导出的模块有两个变量 year 和 age，以及一个函数 add
// b.js
var year = 2022;
var age = 18;
function add(a, b) {
  return a + b;
}

export { year, age, add };
```

export 还可以导出模块的默认值，方便在导入的时候使用。

```
//导出模块的默认值，这里导出的是一个对象
// c.js
export default {
  year: 2022,
  id: 12,
}
```

2. import 模块导入

我们使用 import ... from '...'方式导入模块。如果导入的模块有默认值，我们可以自定义一个变量代表其默认值。

```
// 导入的模块 c.js 有默认值，我们自定义 moduleC 代表其默认值
// d.js
import moduleC from './c.js'
console.log(moduleC)   // 控制台输出一个对象 {year:2022, id:12}
```

对于导入模块的其他非默认值，我们可以使用大括号方式导入。

```
// 对于模块 a.js 或 b.js，我们使用大括号方式导入
// e.js
import { year, age, add } from './b.js'
console.log(year, age);   // 控制台输出'Jack'和 18
console.log(add(1, 8));   // 控制台输出 9
```

除了使用 import ... from '...'方式导入模块，也可以使用 import '...'方式。使用后者时，导入模块后会执行模块内容，但是并不使用其对外提供的接口。

3. import()函数动态加载模块

import()函数可以用来动态导入模块，它是在 ES2020 提案里提出的。

```
// import()函数
import('./f.js')
```

需要注意的是，import()函数与 import ... from '...'方式除了外观形式上有所区别，import()函数导入模块是动态的，而 import ... from '...'方式是通过静态分析导入的。

import()函数虽然是在 ES2020 提案里提出的，但 Webpack 已经支持该语法了。另外，一些前端框架的路由懒加载，就是使用 import()函数实现的，如 Vue Router。

下面简单解释一下 import()函数的原理。Webpack 在打包的时候，碰到 import()函数导入的模块并不会立刻把该模块内容打包到当前文件中。Webpack 会使用动态生成 JS 的方式，在运行代码的时候生成 script 标签，script 标签引入的就是 import()里导入的内容。import()函数导入模块后会返回一个 Promise 对象，我们可以通过 import().then()的方式来处理后续的异步工作。

2.1.3 CommonJS

CommonJS 是目前比较流行的 JS 模块化规范，它主要在 Node.js 中使用。Node.js 对 CommonJS 的实现并不完全与其规范一致，但本书不会涉及这些细微差别。

CommonJS 主要使用 module.exports 导出模块，使用 require('...')导入模块。

```
// g.js
module.exports = {
  year: 2022,
  age: 25
}
// g.js
var person = require('./g.js')
console.log(person)  // 输出{year:2022,age:25}
```

对于 CommonJS 的模块化，Webpack 实现了动态导入模块的语法支持。我们可以通过 require.ensure 来动态导入模块。注意，该语法是 Webpack 特有的，现在推荐使用 import()函数做动态导入模块。

```
// dependencies 是一个数组，数组项是需要导入的模块；callback 是成功回调函数
// errorCallback 是失败回调函数；chunkName 是自定义的 chunk 名
require.ensure(dependencies, callback, errorCallback, chunkName)
```

本节介绍了与 JS 模块化相关的内容，知识点总结如下。

1）Webpack 支持 ES6 Module、CommonJS 和 AMD 等模块化规范，目前常用的是 ES6 Module 和 CommonJS。

2）ES6 Module 通过 export 导出模块，通过 import ... from '...'或 import '...'导入模块。

3）CommonJS 通过 module.exports 导出模块，通过 require('...')导入模块。

4）ES6 Module 通过 import()函数动态导入模块，CommonJS 通过 require.ensure 动态导入模块，推荐使用 import()函数动态导入模块。

2.2 Webpack 资源入口

本节主要讲解 Webpack 的资源入口 entry 以及基础目录 context。

在 1.3 节中，我们已经学习了简单的资源入口知识，Webpack 配置文件如下。

```
var path = require('path');

module.exports = {
  entry: './a.js',
  output: {
    path: path.resolve(__dirname, ''),
    filename: 'bundle.js'
```

```
  },
  mode: 'none'
};
```

上述配置表示从当前根目录下的 a.js 文件开始打包，打包得到 bundle.js 文件。entry 表示的就是资源入口，我们可以看到它是一个相对路径。

接下来，看一下与资源入口有关的其他配置。

2.2.1 Webpack 基础目录 context

上述配置其实省略了一个配置参数 context，Webpack 官方称之为基础目录（base directory）。

context 在 Webpack 中表示资源入口 entry 是以哪个目录为起点的。context 的值是一个字符串，表示一个绝对路径。

下面的配置表示从工程根目录的 src 文件夹的 js 文件夹下的 a.js 文件开始打包，配套代码示例是 webpack2-1。

```
webpack.config.js
 var path = require('path');

 module.exports = {
   context: path.resolve(__dirname, './src'),
   entry: './js/a.js',   // a.js 里又引入了 b.js
   output: {
     path: path.resolve(__dirname, ''),
     filename: 'bundle.js'
   },
   mode: 'none'
 };
```

a.js 文件的内容如下。

```
import { year } from '../../b.js';
console.log(year);
```

b.js 文件的内容如下。

```
export var year = 2022;
```

我们执行 npx webpack 命令，完成打包。命令行控制台告诉我们已经顺利地将 a.js 文件和 b.js 文件打包成 bundle.js 件。

在实际开发中，通常不会设置 context，在没有设置 context 的时候，它就是当前工程的根目录。

2.2.2　Webpack 资源入口 entry

Webpack 资源入口 entry 需要使用相对路径来表示。目前我们使用的 entry 都是字符串形式的，其实它还可以是数组形式、对象形式、函数形式和描述符形式的。

1. 入口 entry 是字符串形式

字符串形式 entry 已经在之前使用过了，这是最简单的形式，表示打包的入口 JS 文件。

2. 入口 entry 是数组形式

表示数组的最后一个文件是资源的入口文件，数组的其余文件会被预先构建到入口文件中。

在后面的 10.4 节（7.在前端工程构建工具的配置文件入口项里引入 core-js/stable 与 regenerator-runtime/runtime）中，我们使用了数组形式的 entry。

```
module.exports = {
  entry: ['core-js/stable', 'regenerator-runtime/runtime', './a.js'],
};
```

上面的配置和下面的是等效的。

```
// a.js
import 'core-js/stable';
import 'regenerator-runtime/runtime';
// webpack.config.js
module.exports = {
  entry: './a.js',
};
```

数组形式的 entry 本质上还是单一入口。

3. 入口 entry 是对象形式

对象形式的 entry 又被称为多入口配置。之前我们讲的都是单入口配置，就是打包后生成一个 JS 文件。

多入口配置就是打包后生成多个 JS 文件。

```
var path = require('path');

module.exports = {
  entry: {
    app: ['core-js/stable', 'regenerator-runtime/runtime',
'./a.js'],
    vendor: './vendor'
  },
  output: {
    path: path.resolve(__dirname, ''),
    filename: '[name].js'
  },
  mode: 'none'
};
```

上面的配置分别从两个入口文件打包，每个入口文件各自寻找自己依赖的文件模块并打包成一个 JS 文件，最终得到两个 JS 文件。

4. 入口 entry 是函数形式

函数形式的 entry，Webpack 取函数返回值作为入口配置，返回值是上述三种形式之一即可。

函数形式的 entry 可以用来做一些额外的逻辑处理，不过在自己搭脚手架时很少使用。

5. 入口 entry 是描述符（descriptor）形式

这种入口形式也是一个对象，我们称之为描述符。描述符语法可以用来给入口传入额外的选项，例如设置 dependOn 选项时，可以与另一个入口 chunk 共享模块。

本节介绍了 Webpack 资源入口，表示它是从哪个 JS 文件开始打包的。Webpack 要找到这个文件，需要使用 context 和 entry 这两个参数。

context 是一个绝对路径，是基础目录的意思。entry 是一个相对路径，它与 context 拼接起来，就是 Webpack 打包的入口文件了。

Webpack 的资源入口与出口是紧密相关的，下一节我们会详细讲解 Webpack 资源出口。

注意：

1）我们目前对构建过程不进行额外的处理，例如不会对构建后的资源进行拆分，因此一个入口只会生成一个打包后的文件，这也是 Webpack 的构建本质。

2）描述符是 Webpack 5 中新增的功能，其使用方法有些复杂，建议入门阶段不要深入研究。感兴趣的读者可以通过链接 3 了解。

2.3 Webpack 资源出口

在 1.3 节中，我们简单使用过资源出口，Webpack 配置文件如下。

```
var path = require('path');

module.exports = {
  entry: './a.js',
  output: {
    path: path.resolve(__dirname, ''),
    filename: 'bundle.js'
  },
  mode: 'none'
};
```

其中的 output 就是资源出口配置项。output 的值是一个对象，它有几个重要的属性 filename、path、publicPath 和 chunkFilename。

2.3.1 Webpack 的 output.filename

filename 是打包后生成的资源名称，在 1.3 节中，生成的是 bundle.js 文件。根据使用者的需要，可以把 bundle.js 改成 my.js 或 index.js 等。

filename 除了可以是一个文件名称，也可以是一个相对地址，如'./js/bundle.js'。

最终打包输出的文件地址是 path 绝对路径与 filename 拼接后的地址。

filename 支持类似变量的方式生成动态文件名，如[hash]-bundle.js，其中方括号代表占位符，里面的 hash 表示特定的动态值。

我们来看一个例子，除了把 filename 由 bundle.js 改成[hash].js，其余配置与 1.3 节一样，配套代码示例是 webpack2-2。

```
var path = require('path');

module.exports = {
  entry: './a.js',
  output: {
    path: path.resolve(__dirname, ''),
    filename: '[hash].js'
  },
```

```
  mode: 'none'
};
```

我们执行 npx webpack 命令打包，控制台显示如图 2-2 所示。

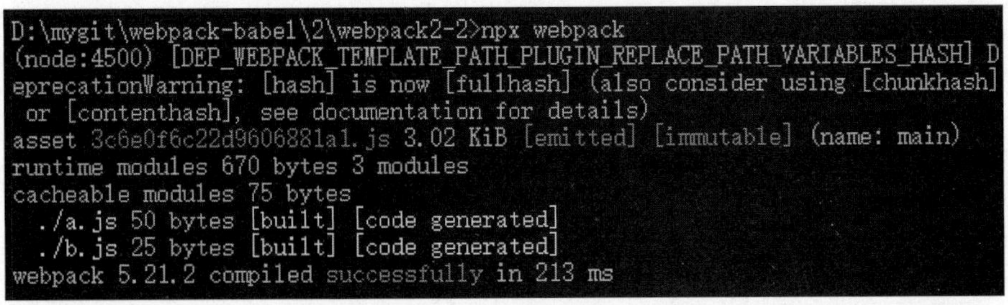

```
D:\mygit\webpack-babel\2\webpack2-2>npx webpack
(node:4500) [DEP_WEBPACK_TEMPLATE_PATH_PLUGIN_REPLACE_PATH_VARIABLES_HASH] D
eprecationWarning: [hash] is now [fullhash] (also consider using [chunkhash]
 or [contenthash], see documentation for details)
asset 3c6e0f6c22d9606881a1.js 3.02 KiB [emitted] [immutable] (name: main)
runtime modules 670 bytes 3 modules
cacheable modules 75 bytes
  ./a.js 50 bytes [built] [code generated]
  ./b.js 25 bytes [built] [code generated]
webpack 5.21.2 compiled successfully in 213 ms
```

图 2-2　控制台显示

图 2-2 中的 3c6e0f6c22d9606881a1 表示本次打包的 hash 值，因此生成的文件就是 3c6e0f6c22d9606881a1.js。

另外，也可以看到，控制台警告已经不赞成使用 hash 了，以前的 hash 现在变成了 fullhash，或者考虑使用 chunkhash 或 contenthash。这里的“以前”指的是 Webpack 5 之前的版本。

我们把 hash 改成 fullhash，重新打包，结果和刚刚打包的结果是一样的，但警告信息消失了。

特定动态值除了[hash]，还有[name]和[id]等。对于 hash、fullhash、chunkhash 和 contenthash 的区别，我们将在 2.4 节讲解。

[name]表示的是 chunk 的名字，简单理解的话，在打包过程中，一个资源入口依赖的模块集合代表一个 chunk，一个异步模块依赖的模块集合也代表一个 chunk，另外代码拆分也会有单独的 chunk 生成，我们将在第 7 章进行具体讲解。[id]是 Webpack 在打包过程中为每个 chunk 生成的唯一序号。

在 2.2.2 节中，我们讲解了几种形式的资源入口 entry。其中字符串形式和数组形式 entry 的 output.filename 的[name]值都是 main。对于 entry 是对象形式的多入口配置，[name]是对象的属性名，对应每一个入口文件。

下面举几个例子来讲解[name]是如何取值的。

1. 字符串形式和数组形式的 entry

字符串形式和数组形式的 entry 本质上是一样的，我们以字符串形式的 entry 举例，配套代码示例是 webpack2-3。

配套代码示例 webpack2-3 的配置文件如下。

```
const path = require('path');

module.exports = {
  entry: './a.js',
  output: {
    path: path.resolve(__dirname, ''),
    filename: '[name].js'
  },
  mode: 'none'
};
```

执行 npx webpack 命令后，控制台显示打包结果如图 2-3 所示，可以得知输出资源文件被命名为 main。

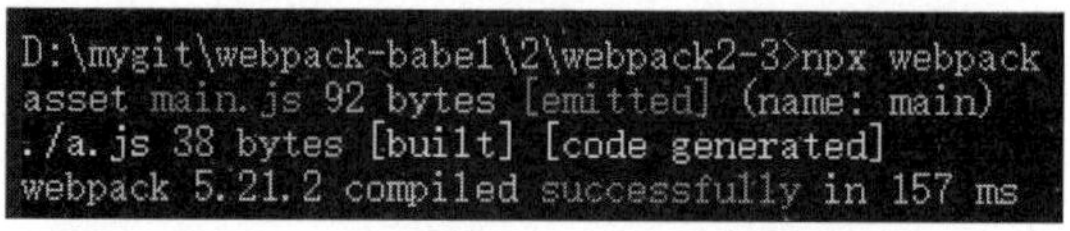

```
D:\mygit\webpack-babel\2\webpack2-3>npx webpack
asset main.js 92 bytes [emitted] (name: main)
./a.js 38 bytes [built] [code generated]
webpack 5.21.2 compiled successfully in 157 ms
```

图 2-3　字符串形式 entry 的打包结果

2. 对象形式的 entry

配套代码示例是 webpack2-4。

配套代码示例 webpack2-4 的配置文件如下。

```
const path = require('path');
```

```
module.exports = {
  entry: {
    app1: './a.js',
    app2: './f.js',
  },
  output: {
    path: path.resolve(__dirname, ''),
    filename: '[name].js'
  },
  mode: 'none'
};
```

执行 npx webpack 命令后，控制台显示打包结果如图 2-4 所示。

```
D:\mygit\webpack-babel\2\webpack2-4>npx webpack
asset app1.js 92 bytes [emitted] (name: app1)
asset app2.js 86 bytes [emitted] (name: app2)
./a.js 38 bytes [built] [code generated]
./f.js 32 bytes [built] [code generated]
webpack 5.21.2 compiled successfully in 201 ms
```

图 2-4　对象形式 entry 的打包结果

可以看到，输出文件的名称[name]是对象的属性名，分别为 app1.js 与 app2.js，对应每一个入口文件。

2.3.2　Webpack 的 output.path

path 表示资源打包后输出的位置，该位置地址需要的是绝对路径。如果你不设置它，Webpack 默认其为 dist 目录。

需要注意的是，path 输出位置表示的是在磁盘上构建生成的真实文件存放地址。我们在开发时，一般会用 webpack-dev-server 开启一个本地服务器，这个服务器可以自动刷新和热加载等，它生成的文件存放在内存中而不是在电脑磁盘中。对于该内存中的文件路径，我们会用 Webpack 配置文件的 devServer 配置项的 publicPath 表示，它虚拟映射了电脑磁盘路径。

webpack-dev-server 中 publicPath 的使用将在之后的章节中讲解。

2.3.3 Webpack 的 output.publicPath

配置项 output 中的 publicPath 表示的是资源访问路径，在 Web 开发时其默认值是字符串 auto。注意这个 publicPath 属于 output 配置项，和上面说到的 devServer 配置项的 publicPath 不一样。

资源访问路径 publicPath 与资源输出位置 path 很容易搞混，下面讲一下它俩的区别。

资源输出位置表示的是本次打包完成后，资源存放在磁盘中的位置。

资源存放到磁盘后，浏览器如何知道该资源存放在什么位置呢？这个时候需要我们指定该资源的访问路径，这个访问路径就是用 output.publicPath 来表示的。

在 Web 开发时，配置项 output.publicPath 的默认值是 auto，表示资源调用者与被调用者在同一目录下。我们通过一个例子来观察它，配套代码示例是 webpack2-5。

项目目录如下，一共有两个 JS 文件，a.js 文件里使用动态 import 语法 import() 引入了 b.js 文件，b.js 文件会打印数字 2022。

```
|--a.js
|--b.js
|--index.html
|--package.json
|--webpack.config.js
```

a.js 文件的内容如下。

```
import('./b.js');
```

b.js 文件的内容如下。

```
var year = 2022;
console.log(year);
```

index.html 文件的内容如下。

```
<!DOCTYPE html>
<html lang="en">
<head>
  <script src="bundle.js"></script>
</head>
<body>
</body>
</html>
```

webpack.config.js 文件的内容如下。

```
var path = require('path');

module.exports = {
  entry: './a.js',
  output: {
    path: path.resolve(__dirname, ''),
    filename: 'bundle.js',
  },
  mode: 'none'
};
```

接下来本地安装 Webpack。

```
npm install --save-dev webpack@5.21.2  webpack-cli@4.5.0
```

执行 npx webpack 命令，完成打包后观察项目目录，如图 2-5 所示。

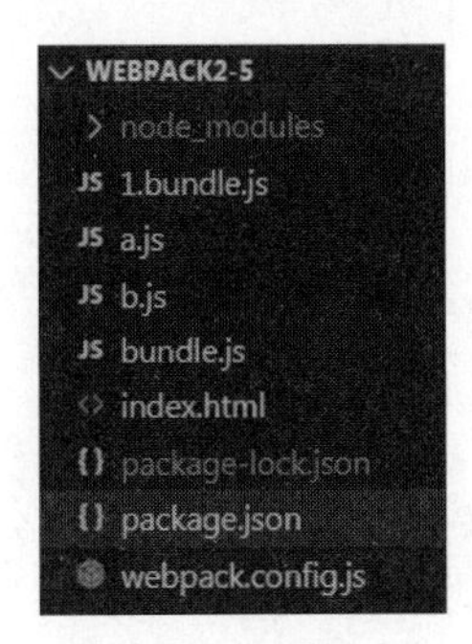

图 2-5　项目目录

可以观察到项目目录里多了两个文件：bundle.js 与 1.bundle.js。前者是从入口文件 a.js 开始打包生成的 output.filename 指定的文件，后者是动态加载 JS 模块而生成的异步资源文件，b.js 文件被单独打包成 1.bundle.js 文件。

然后我们在浏览器里打开 index.html 文件并观察，如图 2-6 所示。

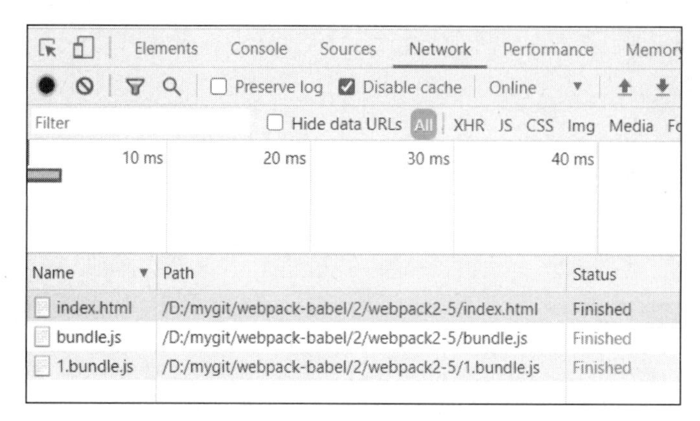

图 2-6　在浏览器里打开 index.html 文件并观察

可以看到 bundle.js 文件与 1.bundle.js 文件在同一访问目录下。这是因为 output.publicPath 的默认值是字符串 auto，Webpack 自动决定其访问路径。

我们可以把 output.path 改成 path.resolve(__dirname, 'dist')，bundle.js 文件与 1.bundle.js 文件仍然会在同一目录 dist 下，对应的配套代码示例是 webpack2-6。

webpack.config.js 文件的内容如下。

```
var path = require('path');

module.exports = {
  entry: './a.js',
  output: {
    path: path.resolve(__dirname, 'dist'),
    filename: 'bundle.js',
  },
  mode: 'none'
};
```

另外，对 HTML 文件引入 JS 文件的路径也做相应的修改。

index.html 文件的内容如下。

```
<!DOCTYPE html>
<html lang="en">
<head>
  <script src="dist/bundle.js"></script>
</head>
<body>
</body>
</html>
```

本地安装 Webpack。

```
npm install --save-dev webpack@5.21.2  webpack-cli@4.5.0
```

执行 npx webpack 命令，完成打包后进行观察。

我们发现项目目录下多了一个 dist 文件夹，并且 dist 文件夹下有 bundle.js 与 1.bundle.js 两个文件，我们在浏览器里打开 index.html 文件并观察，如图 2-7 所示。

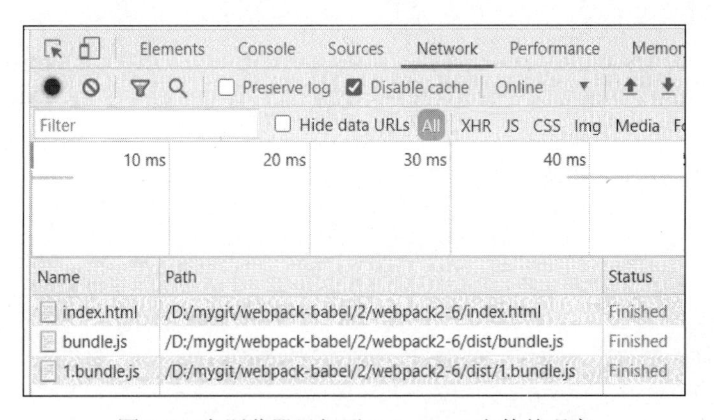

图 2-7　在浏览器里打开 index.html 文件并观察

可以看到 bundle.js 文件与 1.bundle.js 文件仍然在同一目录下，因为我们没有设置 output.publicPath 项，它取了默认值 auto，Webpack 自行决定了其访问路径。

在实际开发中，开发者通常需要设置 output.publicPath。现在我们改变 output.publicPath 的值，观察 1.bundle.js 文件的调用路径有何变化，配套代码示例是 webpack2-7。

我们把 output.publicPath 设置为 publicPath: './js/'。a.js 文件及 b.js 文件的代码依然不变，只是存放在了 src 目录下。

```
|--src
|--a.js
|--b.js
|--index.html
|--package.json
|--webpack.config.js
webpack.config.js
  var path = require('path');

  module.exports = {
    entry: './src/a.js',
    output: {
      path: path.resolve(__dirname, 'dist'),
      filename: 'bundle.js',
      publicPath: 'js/',
    },
    mode: 'none'
  };
```

index.html 文件的内容如下。

```
<!DOCTYPE html>
<html lang="en">
<head>
  <script src="dist/bundle.js"></script>
</head>
<body>
</body>
</html>
```

本地安装 Webpack。

```
npm install --save-dev webpack@5.21.2  webpack-cli@4.5.0
```

执行 npx webpack 命令，完成打包后进行观察。

观察项目目录，我们发现和刚才的一样，bundle.js 与 1.bundle.js 这两个文件在 dist 目录下。

在浏览器里打开 index.html 文件并观察，我们发现报错了，如图 2-8 所示。

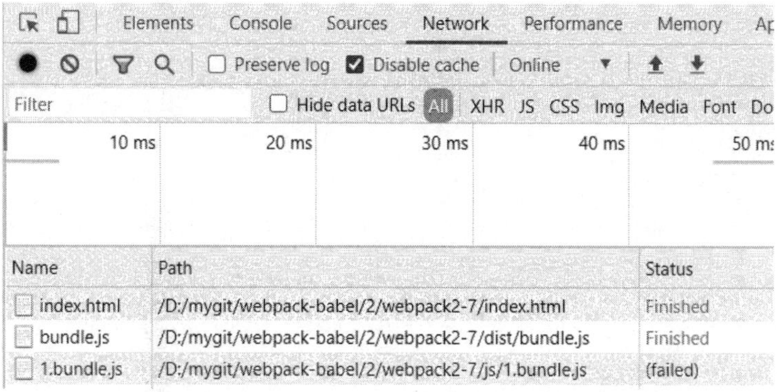

图 2-8　在浏览器里打开 index.html 文件并观察

可以发现，1.bundle.js 文件的访问路径是.../webpack2-7/js/1.bundle.js，这就是我们设置 publicPath 后的效果。

在把 publicPath 设置为'assets/'这类路径时，它是相对于当前 HTML 页面路径取值的。

2.3.4　output.publicPath 与资源访问路径

output.publicPath 的值有函数与字符串两种形式，通常我们使用字符串形式的值。

在使用字符串形式的值时，Webpack 5 官方文档中主要提供了五种形式的值，分别是相对 URL（relative URL）、相对服务器地址（server-relative）、绝对 HTTP 协议地址（protocol-absolute）、相对 HTTP 协议地址（protocol-relative）和 auto。

下面我们都以当前浏览的页面 URL 是 https://www.example.org/w3c/，要访问的资源名称是 bundle-3fa2.js 为例来进行讲解。

1. 相对 URL

前面讲解的例子里的"js/"（或"./js/"）就属于这种形式的值，它是相对于当前浏览的 HTML 页面路径取值的。

output.publicPath 的值以"./"、'js/'或"../"等开头，表示要访问的资源以当前页面 URL 作为基础路径。

```
publicPath: ""
// 资源的访问地址是 https://www.example.org/w3c/bundle-3fa2.js

publicPath: "../dist/"
// 资源的访问地址是 https://www.example.org/dist/bundle-3fa2.js
```

2. 相对服务器地址

output.publicPath 的值以"/"开头，表示要访问的资源以当前页面的服务器地址根目录作为基础路径。

```
publicPath: "/"
// 资源的访问地址是 https://www.example.org/bundle-3fa2.js

publicPath: "/dist/"
// 资源的访问地址是 https://www.example.org/dist/bundle-3fa2.js
```

我们来看一个例子，配套代码示例是 webpack2-8。

webpack.config.js 文件的内容如下。

```
var path = require('path');

module.exports = {
  entry: './src/a.js',
  output: {
```

```
    path: path.resolve(__dirname, 'dist'),
    filename: 'bundle.js',
    publicPath: '/js/',
  },
  mode: 'none'
};
```

打包后放在本地 8086 端口开启的 Node 服务上观察，如图 2-9 所示。

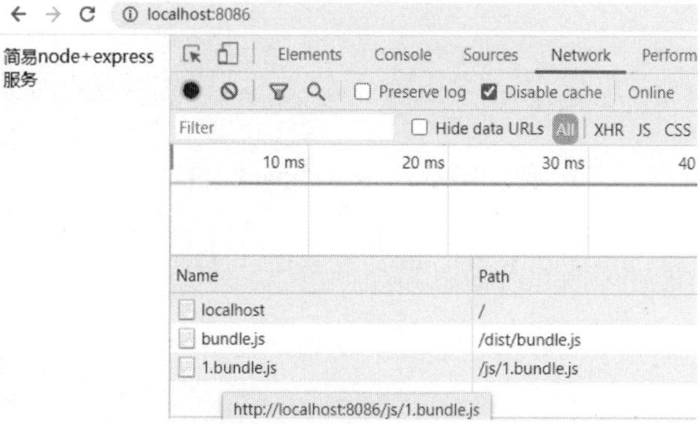

图 2-9　打包后观察

我们发现 1.bundle.js 文件现在以服务器地址根目录作为基础路径。

3. 绝对 HTTP 协议地址

output.publicPath 的值以 HTTP 协议名称开始，代表绝对 HTTP 协议地址，一般在使用 CDN 或对象存储的时候，我们会采用这种方式。现代前端工程中很大一部分静态资源都是通过 CDN 进行访问的。

Web 中常见的协议名称有 HTTP 和 HTTPS，例如我的网站（见链接 16）的协议名称就是 HTTPS。

下面看一下 output.publicPath 的值以协议名称开始的例子，在以协议名称开始的 publicPath 中，资源的访问地址是 publicPath 代表的绝对路径加上资源名称。

```
publicPath: https://cdn.example.org/
// 资源的访问地址是 https://cdn.example.org/bundle-3fa2.js
```

4. 相对 HTTP 协议地址

相对HTTP协议地址以//开头，与绝对HTTP协议地址相比，它省略了前面的https:或 http:。

在使用相对 HTTP 协议地址的时候，浏览器会将当前页面使用的协议名称与相对协议地址拼接，这样本质上与使用绝对 HTTP 协议地址是一样的。

```
publicPath: "//cdn.example.org/dist/"
// 资源的访问地址是 https://cdn.example.org/dist/bundle-3fa2.js
```

我们来看一个例子，配套代码示例是 webpack2-9。

webpack.config.js 文件的内容如下。

```
var path = require('path');

module.exports = {
  entry: './src/a.js',
  output: {
    path: path.resolve(__dirname, 'dist'),
    filename: 'bundle.js',
    publicPath: 'https://cdn.example.org/',
  },
  mode: 'none'
};
```

打包后我们直接在本地浏览器里打开观察，如图 2-10 所示。

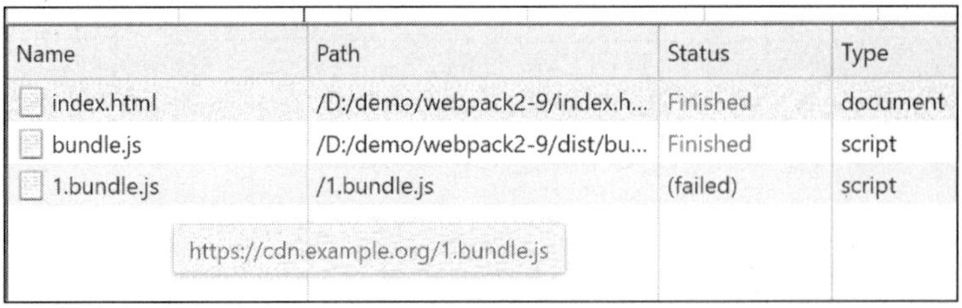

Name	Path	Status	Type
index.html	/D:/demo/webpack2-9/index.h...	Finished	document
bundle.js	/D:/demo/webpack2-9/dist/bu...	Finished	script
1.bundle.js	/1.bundle.js	(failed)	script

https://cdn.example.org/1.bundle.js

图 2-10　在本地浏览器里打开观察

我们发现 1.bundle.js 文件现在以绝对路径地址作为基础路径。因为

https://cdn.example.org/上其实并没有这个文件，所以在演示的例子中访问不到这个文件。

5. auto

在前面，我们已经使用过值为 auto 的 output.publicPath，Webpack 自行决定了其访问路径。Webpack 会通过 import.meta.url、document.currentScript、script.src 或 self.location 这些变量来自行决定其访问路径。

2.3.5 Webpack 的 output.chunkFilename

chunkFilename 也用来表示打包后生成的文件名，那么它和 filename 有什么区别呢？chunkFilename 表示的是打包过程中非入口文件的 chunk 名称，通常在使用异步模块的时候，会生成非入口文件的 chunk。在前面的例子中，a.js 文件里有 import('./b.js')，其中的 b.js 就是一个异步模块，它被打包成 1.bundle.js 文件，这个名称就是默认的 output.chunkFilename。与 output.filename 一样，它支持占位符，例如使用[id].js。

我们把之前例子中的 chunkFilename 改成[chunkhash:8].js，配套代码示例是 webpack2-10。

webpack.config.js 文件的内容如下。

```
var path = require('path');

module.exports = {
  entry: './a.js',
  output: {
    path: path.resolve(__dirname, ''),
    filename: 'bundle.js',
    chunkFilename: '[chunkhash:8].js',
  },
  mode: 'none'
};
```

观察打包后的文件代码，我们发现 b.js 文件被打包成了 2e5ce819.js 文件，这表示 output.chunkFilename 对非入口文件命名生效了。

本节主要讲解了 Webpack 的资源出口 output 配置项的 filename、path、publicPath 和 chunkFilename 属性。

Webpack 的资源出口配置是要结合资源入口配置进行设置的。本节涉及的概念比较多，需要读者对 Webpack 模块和 Web 缓存等知识有一定的了解。如果有些概念暂时无法理解也是正常的，毕竟 Webpack 的复杂性都“催生”出了 Webpack 配置工程师这个职位。

笔者对读者的学习建议是循序渐进，先不要考虑将配置发布到线上，那么就可以从以上这四个属性中去掉 publicPath。如果对异步模块不理解，那么就暂时不使用 chunkFilename。现在去掉了两个属性，只对 output 配置项的 filename 和 path 属性进行深入学习即可。

在读者理解了这两个属性以后，再接着学习去掉的两个属性。

2.4 hash、fullhash、chunkhash 和 contenthash 的区别

Webpack 中的 hash、fullhash、chunkhash 和 contenthash 主要与浏览器缓存行为有关，本节对它们进行讲解。

2.4.1 浏览器缓存

在讲 hash 之前，先简单讲解一下浏览器的缓存知识，将有助于大家理解 hash。

当浏览器访问一个 HTML 页面时，HTML 页面会加载 JS、CSS 和图片等外部资源，这需要花费一定的加载时间。如果页面上有一些外部资源是长时间不变的，如 jQuery.js 文件或 Logo 图片等，那么我们可以把这部分资源存储在本地磁盘，这就是

缓存。在下一次访问该页面的时候，直接从本地磁盘取回缓存的 jQuery.js 文件或 Logo 图片等，这样就不需要花时间加载了。

那么浏览器怎么知道该资源是从本地磁盘取，还是从网络服务器请求下载呢？可以在浏览器第一次访问页面的时候，网络服务器对于需要缓存在用户本地磁盘的资源附加表示资源缓存有效期的响应头，如 cache-control 等。

浏览器获得资源后，只要同名资源在缓存有效期内，就会把该资源一直缓存在本地磁盘中。于是下一次访问该页面的时候，对于同名资源，不会再去请求网络服务器的资源，而是直接使用本地磁盘中的。

我们在网络服务器上可以把缓存的有效期设置为几天、几个月甚至几年，使该资源长时间缓存在本地磁盘中。但是，如果我们的资源内容变化了，例如 jQuery.js 文件里的代码变动了，不想使用本地缓存中的文件了，该怎么办？

一个办法就是为 jQuery.js 文件起一个独特的名字，如 jQuery-8af331g2.js。只要 jQuery-8af331g2.js 的代码内容没变，我们的 HTML 页面就引入名字是 jQuery-8af331g2.js 的文件。

```
<script src="jQuery-8af331g2.js"></script>
```

今后只要文件代码内容不变，我们在初次访问页面后，就可以一直使用缓存在本地的 jQuery-8af331g2.js 文件。

如果代码内容变化了，浏览器再使用 jQuery-8af331g2.js 文件就会出现问题，那么我们就用一个新的名字，如 jQuery-3b551ac6.js，我们将 HTML 页面引入文件的名字修改成 jQuery-3b551ac6.js。

```
<script src="jQuery-3b551ac6.js"></script>
```

这时浏览器发现本地没有缓存该名字的 JS 文件，就会去网络服务器请求资源 jQuery-3b551ac6.js，保证该资源的准确性。

只要资源变动了，我们就需要使用一个新的类似 3b551ac6 这样的名字。那么我们如何保证每次变动后新产生的名字都是唯一的呢？这就引出了我们要讲的 hash 知识。

2.4.2 Webpack 与 hash 算法

hash，中文可译作哈希或散列。接触过数据结构与算法的读者会了解一点 hash 算法。我们在这里不做过多讲解，只讲一下 Webpack 里的 hash 算法是怎么一回事。

在使用 Webpack 的时候，Webpack 会根据所有的文件内容计算出一个特殊的字符串。只要文件的内容有变化，Webpack 就会计算出一个新的特殊字符串。

Webpack 根据文件内容计算出特殊字符串的时候，使用的就是 hash 算法，这个特殊字符串一般叫作 hash 值。

我们一般取计算出的特殊字符串的前八位作为文件名的一部分，因为由 hash 算法计算出的特殊字符串的前八位基本可以保证唯一性。

在 Webpack 里，我们通常用[hash:8]表示取 hash 值的前八位，例如在 Webpack 配置文件中，我们用 filename: 'jQuery-[hash:8].js'来定义文件名。

2.4.3 Webpack 中 hash、fullhash、chunkhash 和 contenthash 的区别

Webpack 通过对文件进行 hash 计算来获得 hash 值，除了有 hash 值，还有 fullhash、chunkhash 和 contenthash 值，那么它们有什么不同呢？

首先，fullhash 与 hash 是一样的，fullhash 是 Webpack 5 提出的，它用来替代之前的 hash。另外，hash、chunkhash 和 contenthash 这三者都是根据文件内容计算出的 hash 值，只是它们计算的文件不一样。

hash 是根据打包中的所有文件计算出的 hash 值。在一次打包中，所有资源出口文件的 filename 获得的[hash]都是一样的。

chunkhash 是根据打包过程中当前 chunk 计算出的 hash 值。如果 Webpack 配置是多入口配置，那么通常会生成多个 chunk，每个 chunk 对应的资源出口文件的 filename 获得的[chunkhash]是不一样的。这样可以保证打包后每一个 JS 文件名都不一样（这么说不太严谨，但有助于理解）。

我们来看一个例子，配套代码示例是 webpack2-11。

Webpack 配置文件如下，第一次打包的 filename 取值为'[name]-[hash:8].js'，第二次的取值为'[name]-[chunkhash:8].js'。两次打包后控制台显示结果分别如图 2-11 和图 2-12 所示。

```
const path = require('path');

module.exports = {
  entry: {
    app1: './a.js',
    app2: './b.js',
    app3: './c.js',
  },
  output: {
    path: path.resolve(__dirname, ''),
    filename: '[name]-[hash:8].js'
    // filename: '[name]-[chunkhash:8].js'
  },
  mode: 'none'
};
```

```
D:\mygit\webpack-babel\2\webpack2-11>npx webpack
(node:1172) [DEP_WEBPACK_TEMPLATE_PATH_PLUGIN_REPLACE_PATH_VARIABLES_HASH] DeprecationWarning: [hash] is now [fullhash] (also consider using [chunkhash] or [contenthash], see documentation for details)
asset app1-127653f8.js 92 bytes [emitted] [immutable] (name: app1)
asset app2-127653f8.js 86 bytes [emitted] [immutable] (name: app2)
asset app3-127653f8.js 86 bytes [emitted] [immutable] (name: app3)
./a.js 38 bytes [built] [code generated]
./b.js 32 bytes [built] [code generated]
./c.js 32 bytes [built] [code generated]
webpack 5.21.2 compiled successfully in 124 ms
```

图 2-11 第一次打包后控制台显示结果

```
D:\mygit\webpack-babel\2\webpack2-11>npx webpack
asset app1-700ec385.js 92 bytes [emitted] [immutable] (name: app1)
asset app2-831fe12a.js 86 bytes [emitted] [immutable] (name: app2)
asset app3-a6a84de5.js 86 bytes [emitted] [immutable] (name: app3)
./a.js 38 bytes [built] [code generated]
./b.js 32 bytes [built] [code generated]
./c.js 32 bytes [built] [code generated]
webpack 5.21.2 compiled successfully in 84 ms
```

图 2-12 第二次打包后控制台显示结果

contenthash 有点像 chunkhash，是根据打包时的内容计算出的 hash 值。在使用提取 CSS 文件的插件的时候，我们一般使用 contenthash。例如下面的配置，我们生成的 CSS 文件名会是 main.3aa2e3c6.css。

```
plugins:[
  new miniExtractPlugin({
    filename: 'main.[contenthash:8].css'
  })
]
```

本节介绍的 Webpack 中的 hash（fullhash）、chunkhash 和 contenthash 主要与浏览器缓存行为有关。浏览器在初次请求服务端资源的时候，网络服务器会为 JS、CSS 和图片等资源设置一个较长的缓存时间，我们通过给资源名称增加 hash 值来控制浏览器是否继续使用本地磁盘中的文件。hash（fullhash）、chunkhash 和 contenthash 这三者都是根据文件内容计算出的 hash 值，hash 是根据全部参与打包的文件计算出来的，chunkhash 是根据当前打包的 chunk 计算出来的，contenthash 主要用于计算 CSS 文件的 hash 值。

2.5 本章小结

在本章中，我们讲解了 Webpack 资源入口和资源出口。

首先学习了模块化的知识，Webpack 是一个模块打包工具，在学习其他 Webpack 知识之前，我们需要先掌握常用的模块化使用方法。

接下来学习了 Webpack 资源入口与资源出口的相关知识，这部分知识非常重要，整个 Webpack 的打包流程是从资源入口开始的，最后把打包结果输出到资源出口。这个过程涉及非常多的配置参数，部分参数与 Web 性能优化有关。

Webpack 中的 hash、fullhash、chunkhash 和 contenthash 主要与浏览器缓存行为有关，本章最后对它们进行了讲解。

第3章

Webpack 预处理器

在第 1 章中，我们已经介绍过 Webpack 的预处理器（Loader），Loader 这个词也可以翻译成加载器，本章会对预处理器做进一步的讲解。

预处理器本质上是一个函数，它接收一个资源模块，然后将其处理成 Webpack 能使用的形式。

在 Webpack 中，一切皆模块。Webpack 在进行打包的时候，会把所有引入的资源文件都当作模块来处理。

Webpack 在不进行任何配置的时候，只能处理 JS 和 JSON 文件模块，它无法处理其他类型的文件模块。

在第 1 章中，我们已经学会用 css-loader 和 style-loader 这两个预处理器来处理 CSS 文件模块。那么在遇到图片、字体和音视频等资源的时候，Webpack 该如何处理这些模块呢？

Webpack 提供了扩展预处理器的 API，我们可以自己编写一个预处理器来处理图片、字体和音视频等资源。

当然，Webpack 社区也提供了比较成熟的预处理器，我们可以直接拿来使用，例如使用 file-loader 和 url-loader 来处理图片等资源，使用 babel-loader 来对 ES6 进行转码，使用 vue-loader 来处理 Vue 组件。本章会介绍一些常见预处理器的使用方法，通过掌握社区提供的这些常用的预处理器，可以使开发效率更高、用户体验更好。

另外，本章会讲解更多预处理器的配置项和规则，包括 exclude 和 include 等，通过这些配置项可以对 Webpack 打包进行一些优化，也可以满足我们的一些特殊业务需求。

需要说明的是，有时存在某些特殊需求，需要我们开发一款自定义预处理器，我们会在第 8 章讲解如何自定义预处理器。预处理器本身是一个函数，因此开发一款自定义预处理器并不难。

3.1 预处理器的配置与使用

本节将讲解 Webpack 预处理器的配置与使用。

3.1.1 预处理器的关键配置项

我们先看一下 1.4 节里使用过的 Webpack 配置，我们使用 style-loader 和 css-loader 这两个预处理器来处理 CSS 文件。

webpack.config.js 文件的内容如下。

```
var path = require('path');

module.exports = {
  entry: './a.js',  // a.js 里引入了 CSS 文件
  output: {
    path: path.resolve(__dirname, ''),
    filename: 'bundle.js'
  },
  module: {
    rules: [{
      test: /\.css$/,
      use: ['style-loader', 'css-loader']
    }]
```

```
    },
    mode: 'none'
};
```

可以看到，预处理器是在配置项 module 下配置的，那么这个配置项为何叫作 module？这是因为 module 是模块的意思，用这个名字可以表示这个配置项是用来对模块进行解析与处理的。

module 配置项里最重要的一个配置子项就是 rules，它定义了预处理器的处理规则，下面详细说明 rules 的配置。

rules 是一个数组，数组的每一项都是一个 JS 对象，这些对象有两个关键属性 test 和 use。test 是一个正则表达式或正则表达式数组，模块文件名与正则表达式相匹配的，会被 use 属性里的预处理器处理。use 可以是字符串、对象或数组，表示要使用的预处理器。

如果使用单一预处理器，那么可以取字符串，如 use: 'babel-loader'。

如果该预处理器可以额外配置参数，那么 use 的值可以是对象，额外配置的参数放在 options 里（也有部分预处理器的额外配置参数放在 query 里），如 use: {loader: 'babel-loader', options: {...}}。

如果使用多个预处理器进行链式处理，那么 use 的值可以是数组，数组的每一项都可以是字符串或对象，这些字符串或对象的使用方法同上。链式处理的顺序是从后向前，也就是从数组最后一项的预处理器开始处理模块，处理完成后把处理结果交给数组倒数第二项的预处理器进行处理，一直到数组第一项的预处理器把该模块处理完。

3.1.2 exclude 和 include

除了 test 和 use 这两个关键属性，rules 还有 exclude 和 include 等属性。

如果我们有一些文件不想被正则表达式匹配到的预处理器处理，那么我们可以配置 exclude 属性，exclude 的中文意思是排除。

exclude 的值可以是字符串或正则表达式，字符串需要是绝对路径。

我们来看一个例子。

```
rules: [{
  test: /\.js$/,
  use: ['babel-loader'],
  exclude: /node_modules/,
}]
```

上面的配置表示，除了 node_modules 文件夹，对所有以 js 为后缀名的文件模块使用 babel-loader 进行处理。

include 的意思正好与 exclude 相反，它表示只对匹配到的文件进行处理。

```
rules: [{
  test: /\.js$/,
  use: ['babel-loader'],
  include: /src/,
}]
```

上面的配置表示，只对 src 目录下以 js 为后缀名的文件模块使用 babel-loader 进行处理。

如果 exclude 与 include 同时存在，Webpack 会优先使用 exclude 的配置。

3.1.3　其他预处理器写法

在 Webpack 版本更新的历程里，出现过不同的预处理器写法。

下面先看一种比较常见的预处理器写法。下面这个例子是 vue-cli 里的配置，这里没有使用 use 属性而是直接使用了 loader 属性来指定要使用的预处理器。

```
rules: [
  {
    test: /\.(js|vue)$/,
    loader: 'eslint-loader',
    enforce: 'pre',
    include: [resolve('src'), resolve('test')],
    options: {
      formatter: require('eslint-friendly-formatter')
    }
  },
]
```

在 Webpack 1.x 版本的时候，还有使用 loaders 配置项的写法，现在已经被 rules 配置项取代了。

```
module: {
  loaders: [
    {
      test: /\.json$/,
      loader: "json"
    },
    {
      test: /\.js$/,
      exclude: /node_modules/,
      loader: 'babel'
    }
  ]
}
```

其他的预处理器写法就不再列举了，本节内容的关键是掌握预处理器的本质，当见到其他的预处理器写法的时候只需要查一下资料就可以了。

3.2 Babel 预处理器 babel-loader

Babel 的具体知识点会在本书后半部分讲解，本节先详细说明 babel-loader 的使用方法。

3.2.1 引入问题

假设我们的原始 JS 代码如下。

```
// a.js
let add = (a, b) => a + b;
console.log(add(3, 5));
```

以上使用到的 ES6 语法有两个，let 变量声明语法和箭头函数语法。

我们在一个 HTML 文件里引入该 JS 脚本，然后在 Firefox 27 浏览器中打开该 HTML 文件，控制台报错，原因是 Firefox 27 浏览器不支持 let 变量声明语法，如图 3-1 所示。

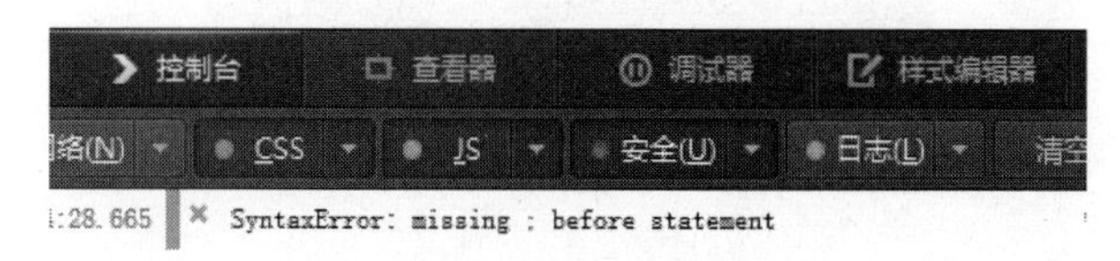

图 3-1 控制台报错

接下来，我们需要使用工具，把我们的原始 JS 代码转换成旧浏览器支持的 ES5 语法的代码。

3.2.2 直接使用 Webpack

我们直接使用 Webpack 打包，但不使用 Babel。

webpack.config.js 文件的内容如下，配套代码示例是 webpack3-1。

```
var path = require('path');

module.exports = {
  entry: './a.js',
  output: {
    path: path.resolve(__dirname, ''),
    filename: 'bundle.js'
  },
```

```
  mode: 'none'
};
```

安装相应的 npm 包后执行 npx webpack 命令打包，我们发现即使没有使用 Babel，Webpack 仍然可以完成打包。

我们观察一下打包后的 bundle.js 文件代码，发现 ES6 代码没有发生转换，如图 3-2 所示。

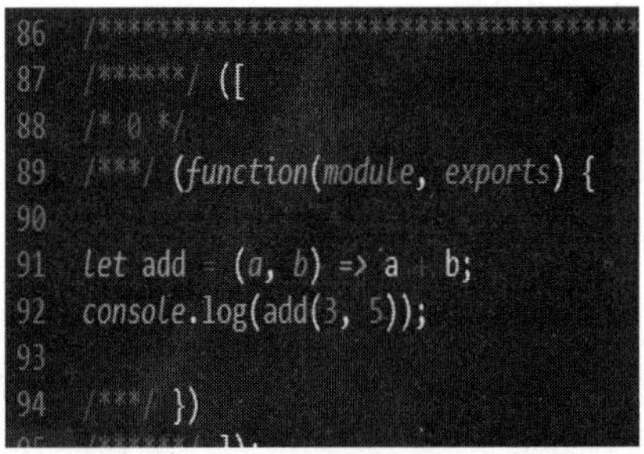

```
86 /************************************
87 /******/ ([
88 /* 0 */
89 /***/ (function(module, exports) {
90
91 let add = (a, b) => a + b;
92 console.log(add(3, 5));
93
94 /***/ })
```

图 3-2 ES6 代码没有发生转换

接着在 HTML 文件里引入 bundle.js 文件，在 Firefox 27 浏览器中打开该文件，出现报错信息。报错信息与之前直接引入 a.js 文件时一样。

于是我们得出一个结论，在 Webpack 打包 JS 文件的时候，如果不使用 babel-loader，可以完成打包，只是打包后的 ES6 代码不会转换成 ES5 代码。

3.2.3 使用 babel-loader

接下来，我们在使用 Webpack 打包时，使用 Babel 来将 ES6 代码转换成 ES5 代码。

Babel 是一系列工具，在使用 Webpack 打包时，主要使用 babel-loader 这个预处理器。Webpack 调用该预处理器来使用 Babel 的功能，将 ES6 代码转换成 ES5 代码。

使用 babel-loader 的时候需要先安装相应的 npm 包。

```
# 安装 Babel 核心包及 babel-loader
npm install -D @babel/core@7.13.10 babel-loader@8.2.2
```

我们选择使用@babel/preset-env 这个 Babel 预设进行转码，所以也需要安装它。

```
npm install -D @babel/preset-env@7.13.10
```

如果读者对 Babel 的使用方法不太熟悉，也可以翻到本书后半部分先学习一下 Babel 部分。

我们在配置文件 webpack.config.js 里加入 babel-loader，配套代码示例是 webpack3-2。

```
var path = require('path');

module.exports = {
  entry: './a.js',
  output: {
    path: path.resolve(__dirname, ''),
    filename: 'bundle.js'
  },
  module: {
    rules: [
      {
        test: /\.js$/,
        exclude: /node_modules/,
        use: {
          loader: 'babel-loader',
          options: {
            presets: ['@babel/preset-env']
          }
        }
      }
    ]
  },
  mode: 'none'
};
```

注意，我们除了使用 babel-loader，还增加了配置项 options，该配置项与单独的

Babel 配置文件里的基本一致，这里我们使用了@babel/preset-env。

安装相应的 npm 包后，执行 npx webpack 命令打包，观察打包后的 bundle.js 文件代码如下。

```
/******/ (() => { // webpackBootstrap
var __webpack_exports__ = {};
var add = function add(a, b) {
  return a + b;
};

console.log(add(3, 5));
/******/ })()
;
```

我们发现 ES6 代码已经转换成 ES5 代码，在 Firefox 27 浏览器中打开相应的 HTML 文件，控制台日志正常输出 3+5 的结果 8。

babel-loader 配置项 options 除了可以设置常规的 Babel 配置项，还可以开启缓存。可以通过增加 cacheDirectory:true 属性来开启缓存。在初次打包后再次打包，如果 JS 文件未发生变化，可以直接使用初次打包后的缓存文件，这样避免了二次转码，可以有效提高打包速度。

```
use: {
  loader: 'babel-loader',
  options: {
    cacheDirectory: true,
    presets: ['@babel/preset-env']
  }
}
```

对于 Babel 配置较复杂的情况，我们可以在工程根目录下单独建立一个 Babel 配置文件，如 babel.config.js。将 presets 和 plugins 等配置项写在 babel.config.js 文件中，babel-loader 会自动读取文件并使用该默认配置文件的配置。

3.3 文件资源预处理器 file-loader

file-loader 是一个文件资源预处理器。file-loader 在 Webpack 中的作用是：处理文件导入语句并替换成它的访问地址，同时把文件输出到相应位置。其中文件导入语句包括 JS 的 import ... from '...'和 CSS 的 url()。

上述陈述不太好理解，下面举两个例子帮助读者理解。

3.3.1 file-loader 处理 JS 引入的图片

在这个例子里，我们有一个简单的 HTML 文件，它有一个 id="main"的 div。我们想要通过 import 模块导入语法引入一张图片，然后通过 JS 操作原生 DOM，把该图片插入 id="main"的 div 里，配套代码示例是 webpack3-3。

HTML 文件 index.html 的代码如下。

```
<!DOCTYPE html>
<html lang="en">
<head>
  <script src="bundle.js"></script>
</head>
<body >
  <div id="main"></div>
</body>
</html>
```

我们知道 Webpack 在不进行额外配置的情况下，其自身是无法解析、处理图片等媒体资源的，因此我们需要做一些配置来让 Webpack 可以处理 JS 引入的图片资源。原生的 JS 并不支持这种 import 模块导入语法来引入图片，这时就需要借助 file-loader 的功能了。下面是 JS 操作 DOM 插入图片的代码。

```
// a.js
import img from './sky.jpg';

console.log(img);
```

```
var dom = `<img src='${img}' />`;
window.onload = function () {
  document.getElementById('main').innerHTML = dom;
}
```

我们首先引入了外部图片，并将其赋值给变量 img。接下来，使用 console.log(img) 在控制台上输出变量 img，它是一个字符串，字符串内容是 file-loader 处理后的图片访问地址。最后我们用原生 DOM 操作，把图片插入 id="main"这个 div 元素里。

接下来是我们的 Webpack 配置文件。

```
// webpack.config.js
const path = require('path');

module.exports = {
  entry: './a.js',
  output: {
    path: path.resolve(__dirname, ''),
    filename: 'bundle.js'
  },
  module: {
    rules: [{
      test: /\.jpg$/,
      use: 'file-loader'
    }]
  },
  mode: 'none'
};
```

配置很简单，资源入口文件就是 a.js 文件，打包后生成的 bundle.js 文件存放在项目根目录下。另外，还有一个 file-loader 用来处理 jpg 文件，我们的 sky.jpg 图片也存放在项目根目录下。

最后，安装好相应的 npm 包（安装命令如下），执行 npx webpack 命令打包，打包后的目录结构如图 3-3 所示。

```
npm install -D webpack@5.21.2  webpack-cli@4.5.0
npm install -D file-loader@6.2.0
```

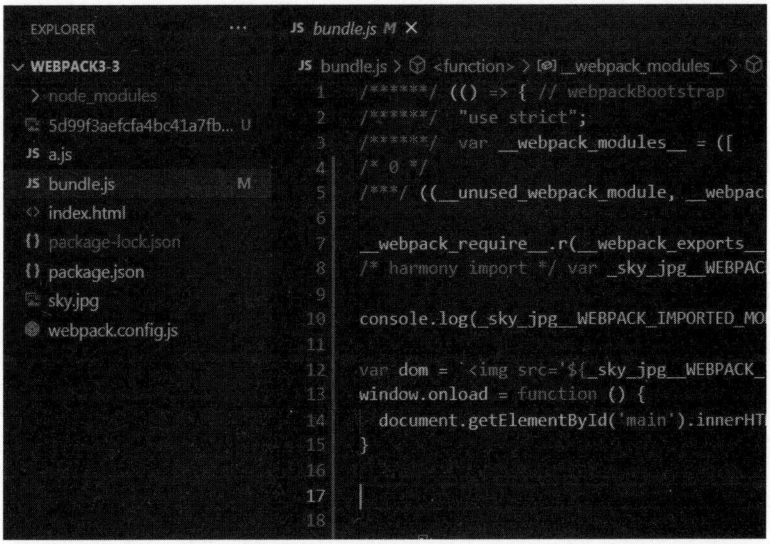

图 3-3　打包后的目录结构

我们用 Chrome 浏览器打开 HTML 文件并开启开发者工具，如图 3-4 所示。

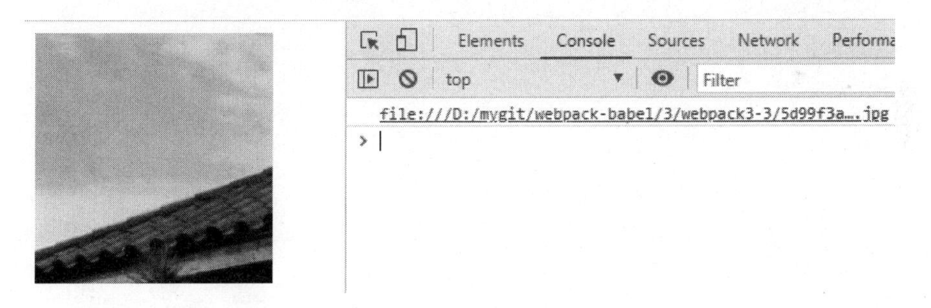

图 3-4　打开 HTML 文件并开启开发者工具

可以看到，我们已经成功把图片插入 div 里了，并且控制台输出的图片路径是 file:///D:/mygit/webpack-babel/3/webpack3-3/5d99f3aefcfa4bc41a7fb809d18ee6d9.jpg（这是 Windows 操作系统中的路径，在其他操作系统中会有所变化）。

5d99f3aefcfa4bc41a7fb809d18ee6d9 是 file-loader 根据文件内容计算出的文件名，会在 3.4 节讲解相关知识。

3.3.2 file-loader 处理 CSS 引入的图片

上面的例子描述了 file-loader 处理 JS 引入的图片，接下来这个例子展示 file-loader 处理 CSS 引入的图片，配套代码示例是 webpack3-4。

这个例子的目标很简单，给页面 body 元素设置一个背景图，通过一个 CSS 文件来实现。显然，我们需要安装处理 CSS 的相关预处理器，包括 css-loader 和 style-loader。

在 CSS 里设置背景图需要使用 background: url()语法，为了让 Webpack 支持处理图片，我们需要使用 file-loader。

这个例子的更多细节无须介绍，具体代码已列出，读者直接查看即可。打包后的目录结构及页面效果分别如图 3-5 和图 3-6 所示，相应的 npm 包都已经介绍过了，配套代码示例里直接使用 npm install 命令进行了安装。

```
<!DOCTYPE html>
<html lang="en">
<head>
  <script src="bundle.js"></script>
</head>
<body>
  <div class="hello">Hello, Loader</div>
</body>
</html>
// a.js
import './b.css'
body {
  background: url(sky.jpg) no-repeat;
}
// webpack.config.js
const path = require('path');

module.exports = {
  entry: './a.js',
  output: {
    path: path.resolve(__dirname, ''),
    filename: 'bundle.js'
```

```
  },
  module: {
    rules: [{
      test: /\.css$/,
      use: ['style-loader', 'css-loader']
    },{
      test: /\.jpg$/,
      use: 'file-loader'
    }]
  },
  mode: 'none'
};
```

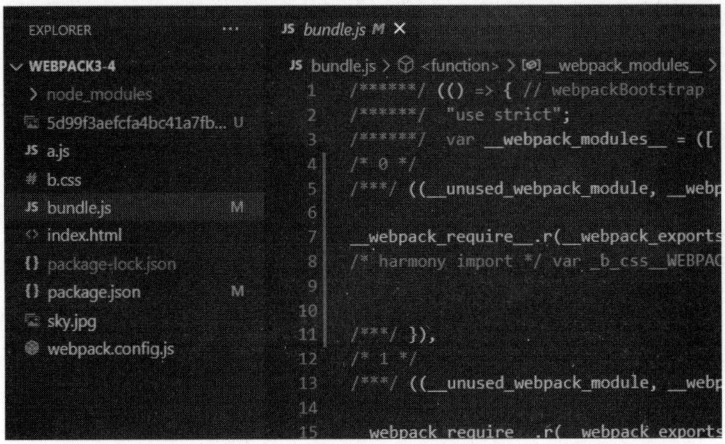

图 3-5　打包后的目录结构

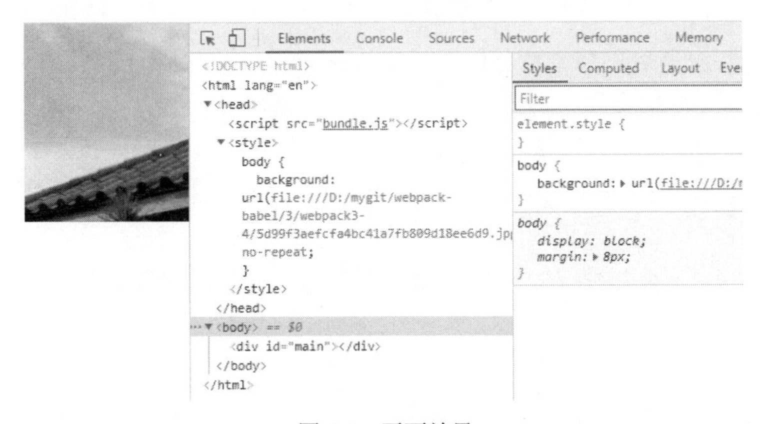

图 3-6　页面效果

3.3.3 file-loader 的其他知识

上面两个例子介绍了 file-loader 处理 JS 和 CSS 引入图片的方法。

file-loader 的本质功能是复制资源文件并替换访问地址，因此它不仅可以处理图片资源，还可以处理音视频等资源。

更多关于 file-loader 的知识，例如打包后的图片名称为何变成了 be735c18be4066a1df0e48a1173b538e.jpg 以及处理路径地址的一些细节，我们会在 3.4 节中讲解。

接下来我们将介绍 url-loader，它是 file-loader 的增强版，实现了 file-loader 的所有功能并增加了额外功能。

3.4 增强版文件资源预处理器 url-loader

url-loader 是 file-loader 的增强版，它除支持 file-loader 的所有功能外，还增加了 Base64 编码的能力。

3.4.1 url-loader 的 Base64 编码

url-loader 的特殊功能是可以计算出文件的 Base64 编码，在文件体积小于指定值（单位为 Byte）的时候，可以返回一个 Base64 编码的 data URL 来代替访问地址。

使用 Base64 编码的好处是可以减少一次网络请求，从而提升页面加载速度。

举个例子，正常情况下 HTML 的 img 标签引入图片的代码如下。

```
<img src="be735c18be4066a1df0e48a1173b538e.jpg">
```

使用 Base64 编码后，引入图片的地址是 data:image/jpg;base64,iVBORw0KGgoA...这种格式的，这样就不用去请求存储在服务器上的图片了，而是使用图片资源的

Base64 编码。

```
<img src="data:image/jpg;base64,iVBORw0KGgoA..."> <!-- 省略号...表示省略了剩下的 Base64 编码数据 -->
```

在 CSS 中引入图片也是同样的道理。

这也是 url-loader 起这个名字的原因，因为它可以使用 Base64 编码的 URL 来加载图片。

我们来改造一下配套代码示例 webpack3-3，除安装 file-loader 外，我们还安装了 url-loader，新例子的配套代码示例是 webpack3-5。

注意，因为 url-loader 依赖 file-loader，所以必须安装 file-loader。

```
npm install -D webpack@5.21.2  webpack-cli@4.5.0
npm install -D file-loader@6.2.0  url-loader@4.1.1
```

Webpack 的配置文件内容如下。

```
// webpack.config.js
const path = require('path');

module.exports = {
  entry: './a.js',
  output: {
    path: path.resolve(__dirname, ''),
    filename: 'bundle.js'
  },
  module: {
    rules: [{
      test: /\.(jpg|png)$/,
      use: {
        loader: 'url-loader',
        options: {
          limit: 1024 * 8,
        }
      }
    }]
```

```
  },
  mode: 'none'
};
```

在这个配置里，我们使用 url-loader 处理 jpg 和 png 格式的图片，另外设置了参数 limit，对于图片大小小于 8 KB（1KB=1024×8 Byte）的，转换成 Base64 编码的 URL，直接写入打包后的 JS 文件里。

在这个例子里，我们引入了两张图片，分别是 4 KB 的 sky.jpg 和 150 KB 的 flower.png，经过 url-loader 处理后插入 HTML 文档里。

```
// a.js
import img1 from './sky.jpg';
import img2 from './flower.png';
console.log(img1);
console.log(img2);

var dom1 = `<img src='${img1}' />`;
var dom2 = `<img src='${img2}' />`;

window.onload = function () {
  document.getElementById('img1').innerHTML = dom1;
  document.getElementById('img2').innerHTML = dom2;
}
<!DOCTYPE html>
<html lang="en">
<head>
  <script src="bundle.js"></script>
</head>
<body >
  <div id="img1"></div>
  <div id="img2"></div>
</body>
</html>
```

我们来看一下通过 npx webpack 命令打包后的工程目录，如图 3-7 所示。

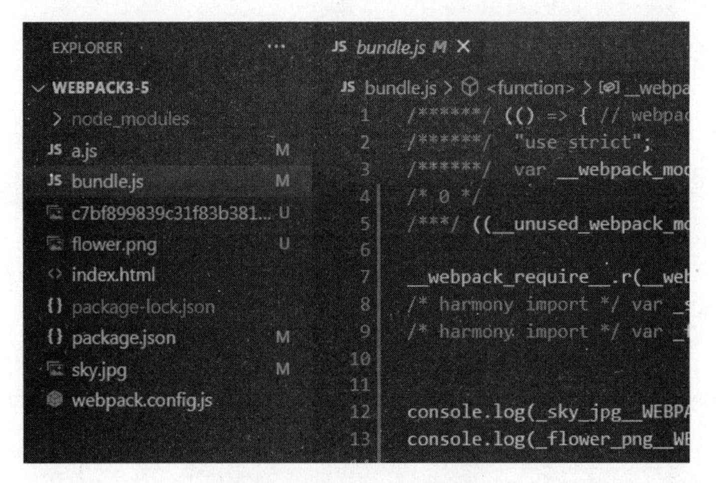

图 3-7　打包后的工程目录

我们用浏览器打开 HTML 文件并开启开发者工具，页面如图 3-8 所示。

图 3-8　浏览器打开 HTML 文件并开启开发者工具

可以看到，因为 sky.jpg 的图片大小小于 8 KB，被转换成 Base64 编码后直接打包到 JS 文件里，而图片大小为 150 KB 的 flower.png 仍然通过 file-loader 来处理。

3.4.2 file-loader 与 url-loader 处理后的资源名称

因为url-loader处理图片大小大于limit值的图片的时候，本质上是使用file-loader来进行处理的，3.4.2 与 3.4.3 这两节的内容对 file-loader 与 url-loader 都适用。

之前例子里 file-loader 与 url-loader 处理后的图片格式类似于 5d99f3aefcfa4bc41-a7fb809d18ee6d9.jpg，凭经验大概可以猜测到这是一个 hash 值。

file-loader 生成的文件默认的文件名是"[contenthash].[ext]"，contenthash 是资源内容的 hash 值，ext 是文件扩展名。我们可以通过设置 name 项来修改生成文件的名字。

file-loader 除[contenthash]和[ext]这两个常用的占位符外，还有[hash]和[name]占位符，[hash]也是根据内容计算出的 hash 值，[name]是文件的原始名称。

3.4.3 file-loader 与 url-loader 处理后的资源路径

file-loader默认使用output.publicPath作为资源访问地址，我们也可以在file-loader的配置项 options 里配置 publicPath 参数，它会覆盖 output.publicPath。

下面我们看一个例子，该例子同时包含了 3.4.2 和 3.4.3 节的知识点，配套代码示例是 webpack3-6。

```
// webpack.config.js
const path = require('path');

module.exports = {
  entry: './a.js',
  output: {
    path: path.resolve(__dirname, 'dist'),
    filename: 'bundle.js'
  },
  module: {
    rules: [{
      test: /\.(jpg|png)$/,
      use: {
```

```
          loader: 'url-loader',
          options: {
            limit: 1024 * 8,
            name: '[name]-[contenthash:8].[ext]',
            publicPath: './dist/'

          }
        }
      }]
    },
    mode: 'none'
};
```

注意，这里我们的 output.path 是 path.resolve(__dirname, 'dist')，打包后的图片也会存放到工程根目录下的 dist 文件夹里。如果这个时候不设置 publicPath，图片的访问路径就是默认的根目录，运行项目时就会发生找不到图片资源的故障。因此，我们设置图片的 publicPath 是'./dist/'，这样就能正常地在本地运行项目了。

我们可以观察到项目打包后的图片名称变成了 flower-c7bf8998.png，如图 3-9 所示，与我们在 url-loader 里设置的生成文件名是一致的。

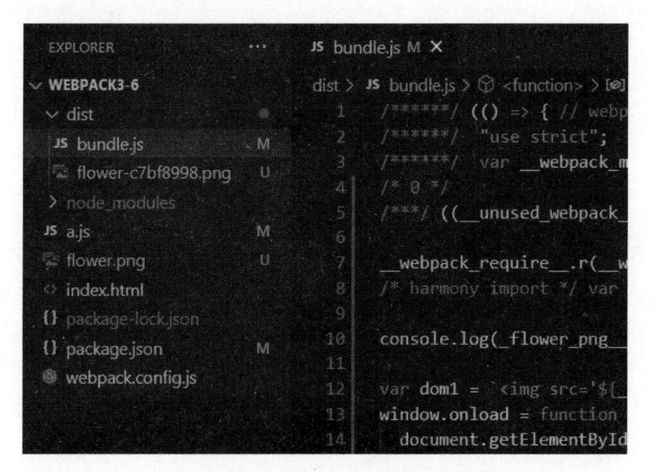

图 3-9　项目打包后的图片名称

本节介绍了 url-loader，通过设置 limit 值的大小，当资源大小大于 limit 值的时候，url-loader 使用 file-loader 来处理多媒体资源，当资源大小小于 limit 值的时候，

url-loader 会计算出图片等多媒体资源的 Base64 编码，并将其直接打包到生成的 JS 或 CSS 文件里。我们要合理设置 limit 值，使打包后的 JS 或 CSS 文件不要过大，也不要过小，没必要为小于 1 KB 的资源再单独请求一次网络资源。通常会在 3~20 KB 范围内选择一个适合当前项目使用的值。

3.5 本章小结

在本章中，我们讲解了预处理器的知识。

首先，我们学习了预处理器最常见的配置项，前端社区的大部分预处理器都在使用这些配置项，需要重点掌握。

接下来，我们学习了几个目前前端开发常用的预处理器，包括 babel-loader、file-loader 和 url-loader。通过对这几个预处理器的学习，进一步巩固常用预处理器的配置项。

使用 ES6 语法及用 TypeScript 语言开发的前端工程，其中必备的预处理器就是 babel-loader。通过调用 Babel 的功能，它就可以把我们的代码转换成绝大部分浏览器都支持的 ES5 语法的代码。

Webpack 处理图片和音视频等媒体资源时，也需要在 module 项里进行配置。在 Webpack 5 之前，主要使用 file-loader 和 url-loader 等预处理器，在 Webpack 5 里，虽然可以使用后续章节会讲解的 Asset Modules，但 file-loader 等预处理器更加灵活，本章对它们进行了详细讲解。

第4章

Webpack 插件

第 3 章讲解了 Webpack 中预处理器的使用方法，预处理器主要是用来解析模块的。本章主要讲解插件的使用方法，插件与预处理器的目的是不一样的，插件是在 Webpack 编译的某些阶段，通过调用 Webpack 对外暴露出的 API 来扩展 Webpack 的能力的。

4.1 插件简介

顾名思义，插件是用来扩展 Webpack 功能的，本章重点讲解一些常用的扩展插件。虽然名字叫插件，但插件是 Webpack 的骨干，Webpack 自身也建立于插件系统之上。

本章先介绍一些常用扩展插件的使用方法，在后续章节讲解 Webpack 的原理时，会讲解其自身如何建立于插件系统之上。

在 Webpack 中使用插件非常简单，只需要在配置项里增加一个 plugins 配置项即可。plugins 是一个数组，每一个数组元素是一个插件。

我们如何寻找插件呢？通常可以选择开源社区提供的插件，例如 clean-webpack-plugin 和 copy-webpack-plugin 等是社区里广泛使用的插件。

除开源社区提供的插件外，Webpack 自己也提供了一部分插件供我们使用。

下面是一个简单的 Webpack 插件的使用示例，先引入 clean-webpack-plugin 插件，然后在 plugins 配置项里放入该插件的实例就可以使用了。

webpack.config.js 文件的内容如下。

```
const path = require('path');
const { CleanWebpackPlugin } = require('clean-webpack-plugin');
module.exports = {
  entry: './a.js',
  output: {
    path: path.resolve(__dirname, 'dist'),
    filename: 'bundle1.js'
  },
  plugins:[
    new CleanWebpackPlugin()
  ],
  mode: 'none'
};
```

通常 plugins 数组的每一个元素都是插件构造函数创建出来的一个实例，根据每一个插件的特点，可能会需要向其参数里传递各种配置参数，这个时候就需要参阅该插件的文档来进行配置了。

现在广泛使用的插件都有默认的参数，可以免去配置工作，只有在需要特殊处理时，我们才手动配置参数。

本章重点介绍三个插件，我们在实际开发中经常使用这三个插件，后续章节也会介绍一些其他插件。学会这三个插件的使用方法，我们就掌握了 Webpack 中使用插件的基本方法，之后在需要的时候再去寻找能满足我们需求的插件。

4.2 清除文件插件 clean-webpack-plugin

4.2.1 clean-webpack-plugin 简介

clean-webpack-plugin 是一个清除文件的插件。在每次打包后，磁盘空间都会存有打包后的资源，在再次打包的时候，我们需要先把本地已有的打包后的资源清空，来减少它们对磁盘空间的占用。插件 clean-webpack-plugin 可以帮我们做这件事，本节配套代码示例是 webpack4-1。

4.2.2 安装 clean-webpack-plugin

我们通过以下命令来安装 clean-webpack-plugin。

```
npm install --save-dev webpack@5.21.2  webpack-cli@4.5.0

npm install --save-dev clean-webpack-plugin@3.0.0
```

4.2.3 使用 clean-webpack-plugin

安装完成后，我们就可以修改 Webpack 的配置文件来使用该插件了。

webpack.config.js 文件的内容如下。

```
var path = require('path');
var { CleanWebpackPlugin } = require('clean-webpack-plugin');

module.exports = {
  entry: './a.js',
  output: {
    path: path.resolve(__dirname, 'dist'),
    filename: 'bundle.js',
    // filename: 'bundle2.js',
  },
  plugins:[
    new CleanWebpackPlugin()
  ],
```

```
  mode: 'none'
};
```

在使用该插件的时候，我们首先通过 require('clean-webpack-plugin')引入该插件，接着在 plugins 配置项里配置该插件。配置该插件的时候通过 new CleanWebpackPlugin()就完成了配置，我们不传入任何参数，该插件会默认使用 output.path 目录作为需要清空的目录，这样就会把该目录下的所有文件夹和文件都清除。

我们执行 npx webpack 命令完成打包，dist 目录里有 bundle.js 和 1.bundle.js 两个文件。

接着我们把 Webpack 的输出文件名 output.filename 改成 bundle2.js，再次执行 npx webpack 命令，会将 output.path 路径目录里的文件清空后再进行打包。

打包完成后观察 dist 目录，我们发现 dist 目录里的 bundle.js 和 1.bundle.js 这两个文件不见了，新增加了 bundle2.js 和 1.bundle2.js 两个文件。这就是 clean-webpack-plugin 的作用，它把 dist 目录之前的内容清空，然后打包重新生成了新文件。

clean-webpack-plugin 也支持传入参数进行单独配置，具体可以参阅其文档（见链接 4），实际使用中我们很少对其进行单独配置。

4.3 复制文件插件 copy-webpack-plugin

4.3.1 copy-webpack-plugin 简介

copy-webpack-plugin 是用来复制文件的插件。有一些本地资源，如图片和音视频，在打包过程中没有任何模块使用它们，但我们想要把它们存放到打包后的资源输出目录下。预处理器不适合做这种事情，这个时候就需要使用插件，copy-webpack-plugin 就可以帮助我们完成文件复制，本节配套代码示例是 webpack4-2。

4.3.2　安装 copy-webpack-plugin

我们通过以下命令来安装 copy-webpack-plugin。

```
npm install --save-dev webpack@5.21.2  webpack-cli@4.5.0

npm install --save-dev copy-webpack-plugin@7.0.0
```

4.3.3　使用 copy-webpack-plugin

安装完成后，我们就可以修改 Webpack 的配置文件来使用该插件了。

webpack.config.js 文件的内容如下。

```
var path = require('path');
var CopyPlugin = require("copy-webpack-plugin");

module.exports = {
  entry: './a.js',
  output: {
    path: path.resolve(__dirname, 'dist'),
    filename: 'bundle.js'
  },
  plugins:[
   new CopyPlugin({
     patterns: [
       { from: path.resolve(__dirname, 'src/img/'), to:
path.resolve(__dirname, 'dist/image/') },
     ],
    }),
  ],
  mode: 'none'
};
```

在 Webpack 配置文件里，我们先通过 require("copy-webpack-plugin")引入了 copy-webpack-plugin，接下来在 plugins 配置项里配置了该插件。

我们在目录 src/img/下存放了一张图片，执行 npx webpack 命令后观察，我们发现该图片被复制到...dist/image/目录下了。

在使用 copy-webpack-plugin 的时候需要传入参数，该参数是一个对象。使用该插件进行文件复制时，最重要的是要告诉该插件，需要从哪个文件夹复制内容，以及要复制到哪个文件夹去。

参数对象的 patterns 属性就是设置从哪个文件夹复制以及复制到哪个文件夹去的。该属性是一个数组，数组每一项是一个对象，对象的 from 属性用于设置从哪个文件夹复制内容，to 属性用于设置复制到哪个文件夹去。观察上面的 Webpack 配置文件代码，很容易理解。

如果要从多个文件夹复制内容，就需要在 patterns 数组里设置多个对象。

该插件还支持其他参数来做自定义复制，具体可以参阅其文档（见链接 5）。

4.4 HTML 模板插件 html-webpack-plugin

4.4.1 html-webpack-plugin 简介

html-webpack-plugin 是一个自动创建 HTML 文件的插件。在我们开发项目的时候，打包后的资源名称通常是由程序自动计算出的 hash 值组成的，因此我们无法使用 HTML 文件来引入固定的 JS 和 CSS 等文件。我们需要一个灵活的 HTML 文件，如果打包后生成的资源名称是 eac32g.js，那么该 HTML 文件会自动在 script 标签里引入该名称的 JS 文件。html-webpack-plugin 可以帮我们做这件事，它可以自动把我们打包生成的 JS 和 CSS 等资源引入 HTML 中，本节配套代码示例是 webpack4-3。

4.4.2 安装 html-webpack-plugin

我们通过以下命令来安装 html-webpack-plugin。

```
npm install --save-dev webpack@5.21.2 webpack-cli@4.5.0
```

```
npm install --save-dev html-webpack-plugin@5.1.0
```

4.4.3 使用 html-webpack-plugin

安装完成后，我们就可以修改 Webpack 的配置文件来使用该插件了。

webpack.config.js 文件的内容如下。

```
var path = require('path');
var HtmlWebpackPlugin = require('html-webpack-plugin')

module.exports = {
  entry: './a.js',
  output: {
    path: path.resolve(__dirname, 'dist'),
    filename: 'bundle.js'
  },
  plugins:[
    new HtmlWebpackPlugin()
  ],
  mode: 'none'
};
```

在 Webpack 配置文件里，我们先通过 require("html-webpack-plugin")引入了 html-webpack-plugin，接下来在 plugins 配置项里配置了该插件。

在这个示例工程里，我们的项目目录里最开始是没有 HTML 文件的。

在执行 npx webpack 命令后，我们发现 dist 目录下生成了一个 index.html 文件，打开该文件查看代码如下。

```
<!DOCTYPE html>
<html>
  <head>
    <meta charset="utf-8">
    <title>Webpack App</title>
  <meta name="viewport" content="width=device-width,
initial-scale=1"><script defer src="bundle.js"></script></head>
```

```
  <body>
  </body>
</html>
```

我们发现该 HTML 文件自动引入了打包生成的 JS 文件 bundle.js。

html-webpack-plugin 不仅支持自动引入生成的单个 JS 文件，还支持多入口 JS 文件的自动引入，以及对自动生成的 CSS 文件的自动引入。

在实际开发时，这种自动生成的 index.html 不一定能满足我们的需求，这个时候可以通过一些参数和自定义模板来满足我们的需求。

4.4.4 html-webpack-plugin 的自定义参数

常见的自定义参数有 title、filename、template、minify 和 showErrors 等。

1）title：用于设置生成的 HTML 文件的标题。

2）filename：用于设置生成的 HTML 文件的名称，默认是 index.html。

3）template：用于设置模板，以此模版来生成最终的 HTML 文件。

4）minify：一个布尔值，用于设置是否压缩生成的 HTML 文件。

5）showErrors：用于设置是否在 HTML 文件中展示详细错误信息。

1. 自定义 title 和 filename

让我们来看一个例子，该示例的 Webpack 配置文件如下，配套代码示例是 webpack4-4。

webpack.config.js 文件的内容如下。

```
var path = require('path');
var HtmlWebpackPlugin = require('html-webpack-plugin')
```

```
module.exports = {
  entry: './a.js',
  output: {
    path: path.resolve(__dirname, 'dist'),
    filename: 'bundle.js'
  },
  plugins:[
    new HtmlWebpackPlugin({
      title: 'Webpack 与 Babel 入门教程',
      filename: 'home.html'
    })
  ],
  mode: 'none'
};
```

执行 npx webpack 命令后，我们发现 dist 目录下新生成了 home.html 文件，在编辑器中打开它并查看代码。

home.html 文件的内容如下。

```
<!DOCTYPE html>
<html>
  <head>
    <meta charset="utf-8">
    <title>Webpack 与 Babel 入门教程</title>
  <meta name="viewport" content="width=device-width,
initial-scale=1"><script defer src="bundle.js"></script></head>
  <body>
  </body>
</html>
```

我们通过对 html-webpack-plugin 配置参数，成功修改了生成的 HTML 文件名称和标题。

2. 自定义模板

html-webpack-plugin 还支持使用自定义模板来生成最终的 HTML 文件。

目前，前端技术社区提供的很多工具和库都有模板引擎的功能，如 Pug、EJS、Underscore、Handlebars 和 html-loader 等。

在配置模板项 template 参数的时候，我们可以使用这些模板引擎对应的 Webpack 预处理器。

html-webpack-plugin 默认使用的模板引擎是 EJS，它使用了 EJS 语法的子集。默认情况下，如果 src/index.ejs 文件存在，它会使用该文件作为模板。

让我们来看一个例子，配套代码示例是 webpack4-5。

webpack.config.js 文件的内容如下。

```
var path = require('path');
var HtmlWebpackPlugin = require('html-webpack-plugin')

module.exports = {
  entry: './a.js',
  output: {
    path: path.resolve(__dirname, 'dist'),
    filename: 'bundle.js'
  },
  plugins:[
    new HtmlWebpackPlugin({
      title: 'Webpack 与 Babel 入门教程',
    })
  ],
  mode: 'none'
};
```

我们在 scr 目录下新建一个 index.ejs 文件。

src/index.ejs 文件的内容如下。

```
<!DOCTYPE html>
<html lang="en">
<head>
```

```
</head>
<body>
  <h2>使用默认位置的模板</h2>
</body>
</html>
```

执行 npx webpack 命令后，我们发现 dist 目录下生成了 index.html 文件，内容如下。

```
<!DOCTYPE html>
<html lang="en">
<head>
<meta name="viewport" content="width=device-width,
initial-scale=1"><script defer src="bundle.js"></script></head>
<body>
  <h2>使用默认位置的模板</h2>
</body>
</html>
```

打开它并观察其代码，我们发现新生成的 index.html 文件完全是根据模板文件生成的，在 Webpack 配置文件里配置的插件参数 title 已经不生效了。

那么如何让 html-webpack-plugin 插件参数生效呢？我们可以通过给模板传入参数来实现，配套代码示例是 webpack4-6。

webpack.config.js 文件保持内容不变，我们修改模板文件 index.ejs 的内容如下。

```
<!DOCTYPE html>
<html lang="en">
<head>
  <title><%= htmlWebpackPlugin.options.title %></title>
</head>
<body>
  <h2>使用默认位置的模板</h2>
</body>
</html>
```

注意观察修改代码的位置。执行 npx webpack 命令后，观察新生成的 index.html

文件内容如下。

```
<!DOCTYPE html>
<html lang="en">
<head>
  <title>Webpack 与 Babel 入门教程</title>
<meta name="viewport" content="width=device-width,
initial-scale=1"><script defer src="bundle.js"></script></head>
<body>
  <h2>使用默认位置的模板</h2>
</body>
</html>
```

可以看到 title 已经被替换了。

这里是通过 <%=htmlWebpackPlugin.options.title%> 语法来实现的，htmlWebpackPlugin 是 Webpack 配置文件里插件注入的参数，在这里我们给模板传入了插件参数 title。

除 options.title 外，该插件还支持传入其他参数。除此之外，HTML 文件压缩和错误日志打印等功能，都可参阅其官方文档（见链接 6）进行配置。

4.5 本章小结

在本章中，我们讲解了 Webpack 插件的知识。我们首先对插件进行了简单介绍，插件是 Webpack 的骨干，Webpack 自身也建立于插件系统之上。接着讲解了三个常用的 Webpack 插件 clean-webpack-plugin、copy-webpack-plugin 和 html-webpack-plugin。通过对这三个插件的学习，可以掌握 Webpack 插件使用的基本方法，后续读者可以自行使用社区里提供的所有插件。

第 5 章

Webpack 开发环境配置

本章主要讲解 Webpack 开发环境的配置，讲解的内容主要包括文件监听与 webpack-dev-server、模块热替换、Webpack 中的 source map 及 Asset Modules。

webpack-dev-server 是本章的核心，它通过开启一个本地服务器来加载构建完成的资源文件，它还有代理请求等功能。

模块热替换是一个非常强大的功能，它可以在不刷新浏览器页面的情况下，直接替换修改代码部分的页面位置，能有效提高我们的开发效率。

我们在浏览器中看到的代码是打包之后的代码，它和项目本地的代码并不一致，在调试的时候可以通过生成 source map 文件来观察对应的原始代码。另外，source map 在生产环境下也是可以使用的，本章也将进行讲解。

Asset Modules 是 Webpack 5 中新增加的功能，它用来替换 Webpack 5 之前使用的 file-loader 等预处理器。

5.1 文件监听与 webpack-dev-server

5.1.1 文件监听模式

Webpack 提供了开启文件监听模式的能力，在我们修改保存项目代码时，会自动进行重新构建。

开启文件监听模式最简单的方法就是在启动的时候加上--watch 这个参数。

```
npx webpack --watch
```

我们通过一个具体的例子来学习文件监听模式的使用，配套代码示例是 webpack5-1。

webpack.config.js 文件的内容如下。

```
const path = require('path');

module.exports = {
  entry: './a.js',
  output: {
    path: path.resolve(__dirname, ''),
    filename: 'bundle.js'
  },
  mode: 'none'
};
```

Webpack 以 a.js 文件作为入口文件开始打包，a.js 文件定义了一个变量 name，然后在控制台打印该变量。

a.js 文件的内容如下。

```
let name = 'Jack';
console.log(name);
```

现在我们在该项目目录下执行 npx webpack --watch 命令，这个时候就开启了 Webpack 的文件监听模式。仔细观察命令行窗口，如图 5-1 所示，会发现 Webpack 构建信息与以往的不同。该命令行构建程序不会自动退出，而且这个时候不能再执行其他命令。

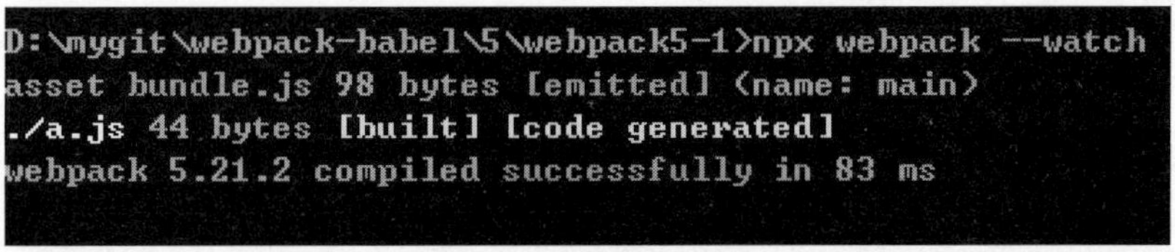

```
D:\mygit\webpack-babel\5\webpack5-1>npx webpack --watch
asset bundle.js 98 bytes [emitted] (name: main)
./a.js 44 bytes [built] [code generated]
webpack 5.21.2 compiled successfully in 83 ms
```

图 5-1 命令行窗口

现在我们把 a.js 文件里的 name 变量值由 Jack 改成 Tom，保存后进行观察。

这个时候 Webpack 自动进行了重新构建，命令行窗口提示了新的构建信息，如图 5-2 所示。

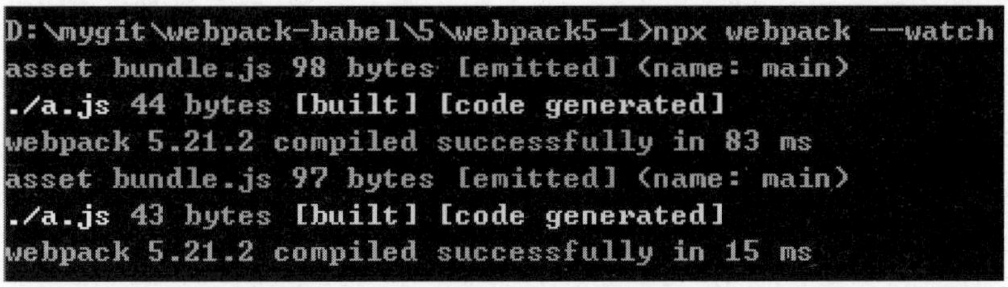

```
D:\mygit\webpack-babel\5\webpack5-1>npx webpack --watch
asset bundle.js 98 bytes [emitted] (name: main)
./a.js 44 bytes [built] [code generated]
webpack 5.21.2 compiled successfully in 83 ms
asset bundle.js 97 bytes [emitted] (name: main)
./a.js 43 bytes [built] [code generated]
webpack 5.21.2 compiled successfully in 15 ms
```

图 5-2 命令行窗口提示新的构建信息

我们观察打包后的文件 bundle.js 也变化了，name 变量值变成了 Tom，如图 5-3 所示。

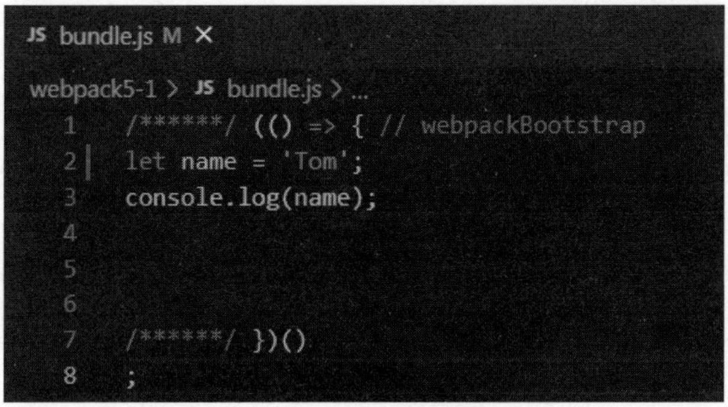

```
JS bundle.js M ×
webpack5-1 > JS bundle.js > ...
1  /******/ (() => { // webpackBootstrap
2  let name = 'Tom';
3  console.log(name);
4
5
6
7  /******/ })()
8  ;
```

图 5-3 打包后的变量变化

Webpack 开启文件监听模式的方式，除在命令 webpack 后面加--watch 参数以外，也可以在其配置文件里进行开启。我们很少会在配置文件里配置，因为在平时工作中我们通常使用的是 webpack-dev-server。

5.1.2 webpack-dev-server 的安装与启动

webpack-dev-server 是 Webpack 官方提供的一个 Webpack 服务工具，一般也称它为 DevServer。安装并启用 webpack-dev-server 后，它会在本地开启一个网络服务器，可以用来处理网络请求。

下面我们来学习它的使用，配套代码示例是 webpack5-2。

这个例子与上面的 webpack5-1 例子只有两点不同，一是把工程根目录下的 index.html 文件重命名为 my.html，并在其中增加了 h1 元素标签；二是多安装了一个 webpack-dev-server 包。

webpack-dev-server 包是一个 npm 包，我们只需要在命令行执行下面的命令就可以完成安装。

```
npm i -D webpack-dev-server@3.11.2
```

另外，我们也需要安装 Webpack 及 webpack-cli。

```
npm install --save-dev webpack@5.21.2   webpack-cli@4.9.0
```

完成安装后，就可以启动 webpack-dev-server 了。我们在命令行的项目根目录下执行 npx webpack serve 命令，就启动了 webpack-dev-server。

在启动 webpack-dev-server 时，它会自动帮我们执行 Webpack 并读取本地的 Webpack 配置文件，同时它会启用 Webpack 的文件监听模式。

我们观察命令行终端信息，提示信息如下。

```
Project is running at http://localhost:8080/
webpack output is served from /
...
```

以上信息告诉我们工程正运行在本地 localhost 的 8080 端口下，Webpack 的输出目录被服务器加载。

我们在 Chrome 浏览器中打开 http://localhost:8080/，显示如图 5-4 所示。

图 5-4　没有 index.html 文件时浏览器的显示

webpack-dev-server 服务器默认使用工程根目录下的 index.html 文件作为首页，现在工程根目录下没有 index.html 文件，所以服务器加载的网页信息是工程目录。

我们把 my.html 文件重命名为 index.html，再手动刷新浏览器，就可以看到网页正常显示 index.html 的内容了，如图 5-5 所示。

图 5-5　有 index.html 文件时浏览器的显示

同时也可以看到 a.js 文件里的 name 变量值为 Tom，打印在开发者工具控制台中。

为了观察文件监听模式及浏览器的自动刷新是否有效，我们把 a.js 文件里的 Tom

修改为 Jack 保存。这时你会发现 http://localhost:8080/的页面立即进行了自动刷新，并且控制台也打印出了 Jack。

5.1.3 webpack-dev-server 的常用参数

webpack-dev-server 除上述的默认行为外，它还支持自定义参数项，它的参数项在 Webpack 配置文件的 devServer 里进行配置。

下面是一个常见的配置，配套代码示例是 webpack5-3。

```
devServer: {
  historyApiFallback: true,
  publicPath: '/',
  open: true,
  compress: true,
  hot: false,
  port: 8089,
}
```

webpack-dev-server 重点配置参数有 open、hot、historyApiFallback、port、compress 和 publicPath 等。

需要注意一点，每次修改 devServer 配置后，都需要重新启动服务。

1. open

该参数用来配置 webpack-dev-server 开启本地 Web 服务后是否自动打开浏览器。默认值是 false，将其设置为 true 后会自动打开浏览器。

2. hot

该参数用来配置 Webpack 的 Hot Module Replacement 功能，即模块热替换功能，我们会在 5.2 节进行讲解。

3. historyApiFallback

在进行单页应用开发的时候，某些情况下需要使用 HTML5 History 模式。

在 HTML5 History 模式下，所有的 404 响应都会返回 index.html 的内容，前端 JS 代码会从 url 解析状态并展示对应的页面。

在进行本地开发的时候，若要开启的本地 DevServer 服务器支持 HTML5 History 模式，只需要把 historyApiFallback 参数设置为 true 即可。

4. port

通过配置 port 参数，可以指定 Web 服务运行的端口号，下面的配置指定了服务端口号是 8089。

```
devServer: {
  port: 8089,
}
```

5. compress

通过配置 compress 参数，可以设定是否为静态资源开启 Gzip 压缩。

6. publicPath

该参数用来设置 Web 服务请求资源的路径。默认条件下，webpack-dev-server 打包的资源存放在内存里，它映射了磁盘路径，如果将 publicPath 参数设置为/dist/，则表示将静态资源映射到磁盘的/dist/目录下。

假设 Web 服务在 http://localhost:8089 下运行，打包生成的文件名称是 bundle-ae62cd.js。devServer.publicPath 参数的值取默认值'/'，此时访问 http://localhost:8089/bundle -ae62cd.js 就可以请求到该资源。

若将 devServer.publicPath 参数设置为/dist/，则需要访问 http://localhost:8089/dist/

bundle-ae62cd.js 才能够请求到该资源。在 index.html 文件内容手动输入且保持不变的情况下，需要将 JS 脚本的访问路径 src 修改成 dist/bundle.js。

本节主要讲解了 Webpack 的文件监听模式和 webpack-dev-server。webpack-dev-server 会自动开启文件监听模式，并且支持浏览器自动刷新等高级功能。webpack-dev-server 还有模块热替换和支持 source map 等高级功能，我们会在后续章节中讲解。

5.2 模块热替换

在 5.1 节中，我们介绍了使用 webpack-dev-server 实现自动刷新整个页面的功能，从而做到实时预览代码修改后的效果。

Webpack 还有一种更高效的方式来做到实时预览，那就是模块热替换。这种技术不需要重新刷新整个页面，而只是通过重新加载修改过的模块来实现实时预览。该技术也称作模块热更新，其英文名称是 Hot Module Replacement，简称 HMR。

要开启 Webpack 的模块热替换功能，只需要将 webpack-dev-server 的参数 hot 设置为 true 即可。

使用模块热替换功能时，需要使用 webpack.HotModuleReplacementPlugin 插件的能力。在 Webpack 5 中，将 hot 参数设置为 true 时，会自动添加该插件，不需要我们进行额外的配置。

在我们的前端项目里，开启了模块热替换功能后，它并不会自动运行，它需要使用者触发。在模块文件里，需要使用 module.hot 接口来触发该功能。

下面这个例子首先判断 module.hot 这个属性是否存在，若存在则使用 module.hot.accept()方法来触发该模块的热替换，配套代码示例是 webpack5-4。

webpack.config.js 文件的内容如下。

```
const path = require('path');

module.exports = {
  entry: './a.js',
  output: {
    path: path.resolve(__dirname, ''),
    filename: 'bundle.js'
  },
  devServer: {
    historyApiFallback: true,
    publicPath: '/',
    open: true,
    compress: true,
    hot: true,
    port: 8089,
  },
  mode: 'none'
};
```

a.js 文件的内容如下。

```
import { name } from './b.js';
console.log(name);
console.log(123);
```

b.js 文件的内容如下。

```
export var name = 'Rose30';
var age = 18;
// age = 20;
console.log(age);
console.log(222);

if (module.hot) {
  module.hot.accept();
}
```

项目打包的入口模块是 a.js，在 a.js 模块里引入了 b.js 模块对外输出的变量 name。

安装相应的 npm 包，执行 npx webpack serve 命令启动项目后，观察浏览器控制台的输出，如图 5-6 所示。

```
npm install -D webpack@5.21.2    webpack-cli@4.9.0
npm install -D webpack-dev-server@3.11.2
```

图 5-6　浏览器控制台的输出

接下来分别修改 a.js 模块和 b.js 模块来观察模块热替换的规律。

首先修改 a.js 模块的代码，把 console.log(123)改成 console.log(456)，然后保存代码进行观察。

修改 a.js 模块后的内容如下。

```
import { name } from './b.js';
console.log(name);
console.log(456);
```

这时 Webpack 进行了重新编译，浏览器进行了自动刷新，控制台输出如图 5-7 所示。

可以看到之前在控制台输出的如图 5-6 所示的信息被刷新掉了，也就是说我们并没有触发模块热替换功能而是使浏览器自动刷新了。没有触发模块热替换功能的原因是 a.js 模块的代码里没有调用与 module.hot 相关的模块热替换接口。

图 5-7 修改 a.js 模块后的控制台输出

接下来我们不修改 a.js 模块而是修改 b.js 模块来进行观察。我们把被注释掉的 age = 20 这行代码的注释符号//去掉，然后保存。

修改 b.js 模块后的内容如下。

```
export var name = 'Rose30';
var age = 18;
age = 20;
console.log(age);
console.log(222);

if (module.hot) {
  module.hot.accept();
}
```

观察控制台输出如图 5-8 所示，可以发现浏览器没有进行自动刷新，控制台信息在图 5-7 的基础上又增加了一些输出，现在触发了模块热替换功能。

控制台新输出的信息是修改 b.js 模块后输出的，因为我们刚刚只修改了 b.js 这个模块，同时 b.js 模块调用了模块热替换的接口方法 module.hot.accept()，所以修改 b.js 模块后浏览器只替换掉了 b.js 模块，因此控制台新增的输出信息是 b.js 模块的信息，而不是 a.js 模块的信息。需要注意的是，图片里控制台上方输出的信息虽然是 a.js 模块输出的，但这些信息是上一次编译就已经输出的。

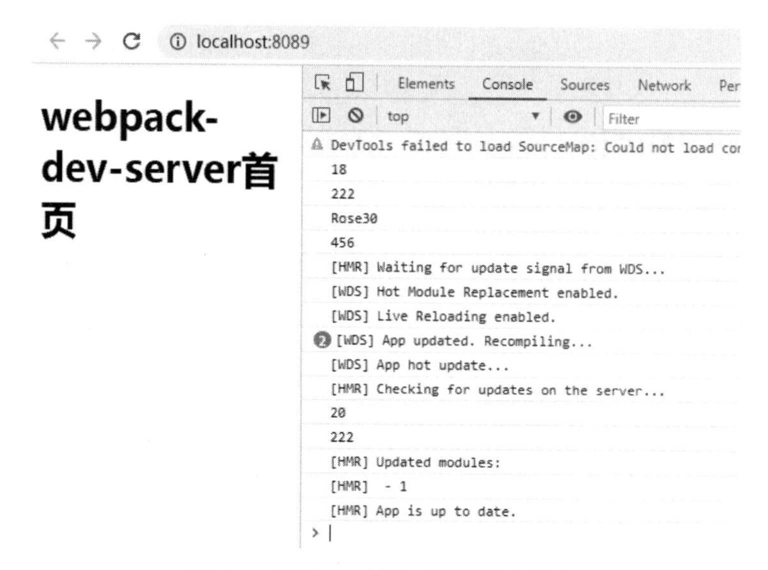

图 5-8　修改 b.js 模块后的控制台输出

如果我们手动刷新浏览器，则控制台输出会变成的如图 5-9 所示的样子，手动刷新是把所有模块的输出信息重新打印在控制台上。

图 5-9　手动刷新浏览器后的控制台输出

另外，module.hot.accept()方法还可以接收参数传入依赖和回调，更多的使用方式可以参考其文档（见链接 12）。

从上面的例子里可以看出，我们需要手动在模块里添加 module.hot 相关的接口来触发模块热替换功能。在业务开发过程中，还需要判断什么地方需要进行模块热替换等，这么做无疑会增加开发者的工作量。

为了减轻开发者的负担，社区常用的预处理器提供了支持模块热替换的功能，例如 style-loader、vue-loader 和 react-hot-loader 等。在使用这些工具的时候，它们会自动注入 module.hot 相关代码，完成模块热替换的工作，无须开发者手动调用，极大地减少了开发者的工作量。

5.3 Webpack 中的 source map

5.3.1 source map 简介

前面章节里讲解过 Webpack 编译打包后的代码，如果没有将 Webpack 配置文件的 mode 设置为 none，那么编译后的代码会对我们的原始代码做压缩、整合等操作。而且如果使用 webpack-dev-server 开启的服务，打包后的代码中也会包含非常多与业务代码无关的 Webpack 代码。编译打包后的代码与原始代码差别非常大，我们很难调试，开发效率较低。

举一个例子，配套代码示例是 webpack5-5。在这个例子里只需要打包一个 JS 文件，其代码较为简单，定义了两个变量 name 和 age，并分别在控制台打印了这两个变量。在打印 name 变量前，在代码里打了一个断点 debugger。

a.js 文件的内容如下。

```
let name = 'Jack';
debugger;
console.log(name);
let age = 18;
console.log(age);
```

Webpack 配置文件的内容如下。

```
const path = require('path');
```

```
module.exports = {
  entry: './a.js',
  output: {
    path: path.resolve(__dirname, ''),
    filename: 'bundle.js'
  },
  devServer: {
    historyApiFallback: true,
    publicPath: '/dist/',
    open: true,
    compress: true,
    hot: false,
    port: 8089,
  },
  mode: 'none'
};
```

我们通过 npm install 命令安装好相应的 npm 包后，执行 npx webpack serve 命令，在 Chrome 浏览器中打开 http://localhost:8089/。

```
npm install -D webpack@5.21.2   webpack-cli@4.9.0
npm install -D webpack-dev-server@3.11.2
```

打开 Chrome 调试工具观察浏览器页面，我们发现代码在 bundle.js 文件的第 9606 行处被断点暂停（如果没有被断点暂停，须手动刷新页面），如图 5-10 所示。

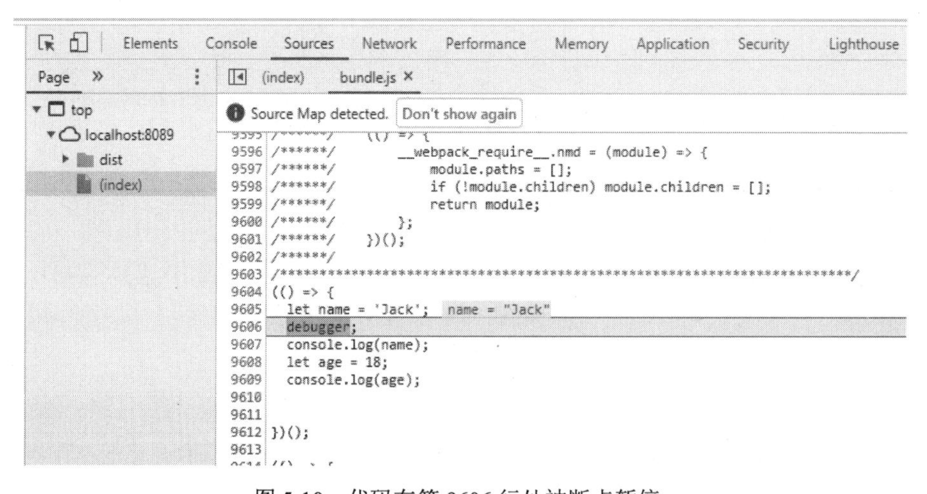

图 5-10　代码在第 9606 行处被断点暂停

现在在浏览器里运行的 JS 代码已经不是原始的 a.js 文件代码了，而是变成了编译后的 bundle.js 文件代码，而且编译后的文件代码有九千多行，并不利于我们开发调试。

因为我们现在只有一个简单的 a.js 文件，所以还能从打包后的 bundle.js 文件中找到与 a.js 文件的代码关系来做调试工作，但如果工程复杂的 JS 文件较多，想要从打包后的文件中找到对应关系来修改原始代码，那会是一件成本非常高的事情。

想要在浏览器里直接看到打包前的代码，就需要使用 source map。source map 是一个单独的文件，浏览器可以通过它还原出编译前的原始代码。

开启 source map 功能很简单，只需要在 Webpack 的配置文件里加一行配置就可以了，配套代码示例是 webpack5-6。

```
// webpack.config.js
// ...
devtool: 'source-map',
// ...
```

我们在 webpack.config.js 文件里增加了一个 devtool 配置项，其取值是字符串 source-map。

现在我们退出之前的命令行程序，重新执行 npx webpack serve 命令，然后刷新浏览器，观察页面。我们发现代码在断点处暂停了，但这次与上次不同，这次是在原始的 a.js 文件代码里的断点处暂停的（如果被打断点的文件不是 a.js 文件，则需要手动刷新页面），如图 5-11 所示。

现在有了对应编译前的原始代码进行对照，我们就可以很轻松地在浏览器里进行调试工作了，这就是 source map 的作用。

source map 最初会生成一个单独的后缀名是.map 的文件，上面的例子里也生成了单独的.map 文件，但因为开发模式是通过 webpack-dev-server 开启的服务，生成的文件存在在内存里，所以在磁盘里看不到这个文件。如果我们把打包命令改成 npx webpack，这时就会看到磁盘工程目录新生成了 bundle.js.map 文件，这就是 source map 文件，如图 5-12 所示。

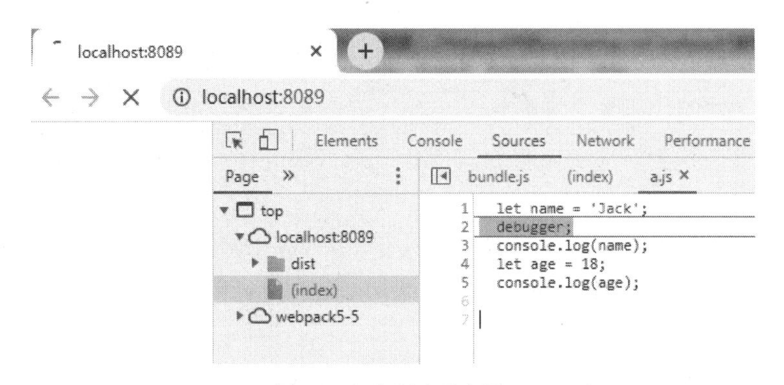

图 5-11　在断点处暂停

图 5-12　source map 文件

5.3.2　source map 的配置项 devtool

Webpack 配置文件的 devtool 配置项是用来配置生成哪种形式的 source map 的？除了使用 source-map，还有很多其他选择。

devtool 的取值为 source-map 时会生成单独的 source map 文件，而取一些其他值时会把 source map 直接写到编译打包后的文件里，不过浏览器依然可以通过它还原出编译前的原始代码。

我们可以看一下 Webpack 官网列出的 devtool 取值，我们对其进行部分截图，如图 5-13 所示。

devtool	performance	production	quality	comment
(none)	build: fastest rebuild: fastest	yes	bundle	Recommended choice for production builds with maximum performance.
eval	build: fast rebuild: fastest	no	generated	Recommended choice for development builds with maximum performance.
eval-cheap-source-map	build: ok rebuild: fast	no	transformed	Tradeoff choice for development builds.
eval-cheap-module-source-map	build: slow rebuild: fast	no	original lines	Tradeoff choice for development builds.
eval-source-map	build: slowest rebuild: ok	no	original	Recommended choice for development builds with high quality SourceMaps.
cheap-source-map	build: ok rebuild: slow	no	transformed	
cheap-module-source-map	build: slow rebuild: slow	no	original lines	
source-map	build: slowest rebuild: slowest	yes	original	Recommended choice for production builds with high quality SourceMaps.

图 5-13　Webpack 官网列出的 devtool 取值（部分）

官方文档里的 devtool 取值有二十多种，下面我们对其做一下说明。

打包速度的快慢分为五档来表示，从慢到快依次用 slowest、slow、ok、fast 和 fastest 来表示。build 表示的是初次打包的速度，rebuild 表示的是修改代码后保存并再次打包的速度。

production 列表示是否可用于生产环境，yes 表示可以用于生产环境，no 表示不可以用于生产环境（一般可用于开发环境）。

quality 列表示 source map 映射的原始代码质量，表格里的表示不容易理解，我们可以通过接下来的内容来理解。

这么多取值，我们在写 Webpack 配置文件的时候，该取哪个呢？

如果仔细观察官网列出的 devtool 的所有取值，会发现基本都是 cheap、module、inline、eval、nosources 和 hidden 这六个词的组合，最后再加上 source-map（除了单独的 eval 和 source-map 这两个取值）。

理解这六个词的含义，就会知道该取哪个值作为 devtool 配置项的值了。

1）cheap：一种速度较快的选择，这样生成的 source map 中没有列信息而只有行信息，编译计算量少，不过在这种情况下，预处理器输出的 source map 信息不会被采用。

2）module：预处理器输出的 source map 信息会被采用，这样可以看到预处理器处理前的原始代码。

3）inline：将生成的 source map 内联到 bundle 中，该 source map 默认是 Base64 编码的 data URL。

4）eval：使用 eval 包裹模块代码，可以提高 rebuild 的速度。

5）hidden：bundle 里不包含 source map 的引用地址，这样在浏览器开发者工具里看不到原始代码。

6）nosources：bundle 不包含原始代码。

5.3.3　开发环境与生产环境 source map 配置

1. 开发环境

在开发环境中，我们可以对 devtool 取值 eval-cheap-module-source-map，该配置能保留预处理器处理前的原始代码信息，并且打包速度也不慢，是一个较佳的选择。

2. 生产环境

在生产环境中，我们通常不需要 source map，因为使用 source map 会有泄露原始代码的风险，除非使用者想要定位线上的错误。

生产环境中的代码，我们都会使用插件对其进行压缩，因此也需要考虑压缩插件支持 source map 的能力。在 Webpack 5 中，我们通常使用 terser-webpack-plugin 来压缩 JS 资源，使用 css-minimizer-webpack-plugin 来压缩 CSS 资源。这两个压缩插件支持的 source map 类型仅有 source-map、inline-source-map、nosources-source-map 和 hidden-source-map 这四个，因此我们需要从这四个类型中选择一个。

source-map 比较利于定位线上问题和调试代码，但其他人都可以通过浏览器开发者工具看到原始代码，有严重的安全风险，因此不推荐生产环境中用这个类型。基于同样的安全风险考虑，我们也不推荐使用 inline-source-map。

nosources-source-map 的安全性稍微高一些，但我们仍可以通过浏览器开发者工具看到原始代码的目录结构。对于错误信息，我们可以在开发者工具的控制台中看到原始代码的堆栈信息，在 点击错误信息后，其文件路径会通过 webpack://协议进行展示，只是看不到文件具体的代码内容。如果公司没有错误收集与监控一类的系统，可以采用该方式。

hidden-source-map 是非常安全的选择，这种类型会打包输出完整的 source map 文件，但打包输出的 bundle 中不会有 source map 的引用注释，因此在浏览器开发者工具里是看不到原始代码的。要想分析原始代码，我们通常会用一些错误监控系统，将 source map 文件上传到该系统中，然后通过 JS 出错后上报的错误信息，用该系统分析出原始代码的错误堆栈。需要注意的是，不要将 source map 文件部署到 Web 服务器上，而应上传到错误监控系统中。

在生产环境下，除了上述选择，还可以使用服务器白名单策略。我们仍然打包出完整的 source map 文件上传，但只有有权限的用户才可以看到 source map 文件。

本节主要讲解了 Webpack 里的 source map 是什么以及如何通过 devtool 配置其生成方式。在开发环境下，我们选择 eval-cheap-module-source-map，在生产环境下，我们一般不生成 source map，如果一定需要的话，可以选择 hidden-source-map 或白名单策略。

5.4 Asset Modules

5.4.1 Asset Modules 简介

Asset Modules 通常被翻译为资源模块，它指的是图片和字体等这一类型文件模块，它们无须使用额外的预处理器，Webpack 通过一些配置就可以完成对它们的解析。该功能是 Webpack 5 新加入的，与 file-loader 等预处理器的功能很像。

简单回顾一下 file-loader 的作用，它解析文件导入地址并将其替换成访问地址，同时把文件输出到相应位置。导入地址包括了 JS 和 CSS 等导入语句的地址，例如 JS 的 import 和 CSS 的 url()。

Asset Modules 的几个主要配置项都存放在 module.rules 里，关键的配置项叫 type，它的值有以下四种。

1）asset/resource：与之前使用的 file-loader 很像，它处理文件导入地址并将其替换成访问地址，同时把文件输出到相应位置。

2）asset/inline：与之前使用的 url-loader 很像，它处理文件导入地址并将其替换为 data URL，默认是 Base64 格式编码的 URL。

3）asset/source：与 raw-loader 很像，以字符串形式导出文件资源。

4）asset：在导出单独的文件和 data URL 间自动选择，可以通过修改配置项影响自动选择的标准。

接下来，我们通过一个例子来学习 Asset Modules 的使用方法，首先使用 asset/resource 的配置项，配套代码示例是 webpack5-7。

webpack.config.js 文件的内容如下。

```
const path = require('path');

module.exports = {
  entry: './a.js',
  output: {
    path: path.resolve(__dirname, ''),
    filename: 'bundle.js'
  },
  module: {
    rules: [{
      test: /\.jpg$/,
      type: 'asset/resource'
    }]
  },
  mode: 'none'
};
```

我们在配置文件里设置后缀名是 jpg 的资源使用 asset/resource 进行处理，打包入口文件是 a.js。

a.js 文件的内容如下。

```
import img from './sky.jpg';
console.log(img);

var dom = `<img src='${img}' />`;
window.onload = function () {
  document.getElementById('main').innerHTML = dom;
}
```

该入口文件的逻辑简单讲就是引入 sky.jpg 图片后，将该图片插入 id 是 main 的 DOM 里。

现在安装 npm 包，然后执行 npx webpack 命令，观察打包后的文件目录，如图 5-14 所示。

```
npm install --save-dev webpack@5.21.2   webpack-cli@4.5.0
```

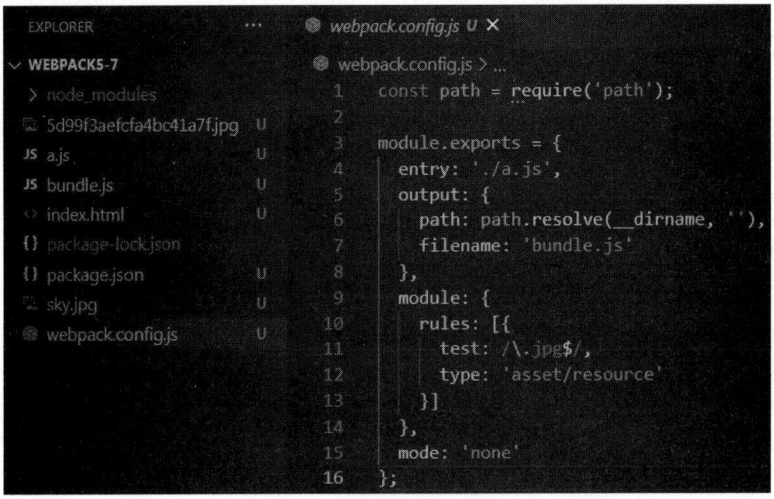

```
EXPLORER
WEBPACK5-7
  > node_modules
  5d99f3aefcfa4bc41a7f.jpg  U
  a.js  U
  bundle.js  U
  index.html  U
  package-lock.json
  package.json  U
  sky.jpg  U
  webpack.config.js  U
```

```
webpack.config.js > ...
1   const path = require('path');
2
3   module.exports = {
4     entry: './a.js',
5     output: {
6       path: path.resolve(__dirname, ''),
7       filename: 'bundle.js'
8     },
9     module: {
10      rules: [{
11        test: /\.jpg$/,
12        type: 'asset/resource'
13      }]
14    },
15    mode: 'none'
16  };
```

图 5-14　打包后的文件目录

可以看到目录里生成了 5d99f3aefcfa4bc41a7f.jpg 文件，该文件就是 sky.jpg 被 asset/resource 处理后生成的。在浏览器里打开 index.html 文件后，该图片可以正常展示。

index.html 文件的内容如下。

```
<!DOCTYPE html>
<html lang="en">
<head>
  <script src="bundle.js"></script>
</head>
<body >
  <div id="main"></div>
</body>
</html>
```

5.4.2　自定义文件名称

资源模块处理文件后生成的名称默认是[hash][ext][query]的结构，有两种方式可以配置生成文件的名称，一种是通过 generator.filename 配置项来配置，另一种是在 output 里配置。

1. 通过 generator.filename 配置项来配置

我们先看第一种，修改上面例子的 Webpack 配置文件，配套代码示例是 webpack5-8。

修改 webpack.config.js 文件后的内容如下。

```
const path = require('path');

module.exports = {
  entry: './a.js',
  output: {
    path: path.resolve(__dirname, ''),
    filename: 'bundle.js'
  },
  module: {
    rules: [{
      test: /\.jpg$/,
      type: 'asset/resource',
      generator: {
```

```
        filename: 'static/[hash:8][ext][query]'
      }
    }]
  },
  mode: 'none'
};
```

与刚刚例子的不同点只有一处，即在 module.rules 里增加了 generator.filename 配置项，其值是 static/[hash:8][ext][query]，表示处理生成的图片在 static 目录下，其名称是 8 位 hash 值与后缀名的组合。

执行 npx webpack 命令进行打包，打包后的文件目录如图 5-15 所示。

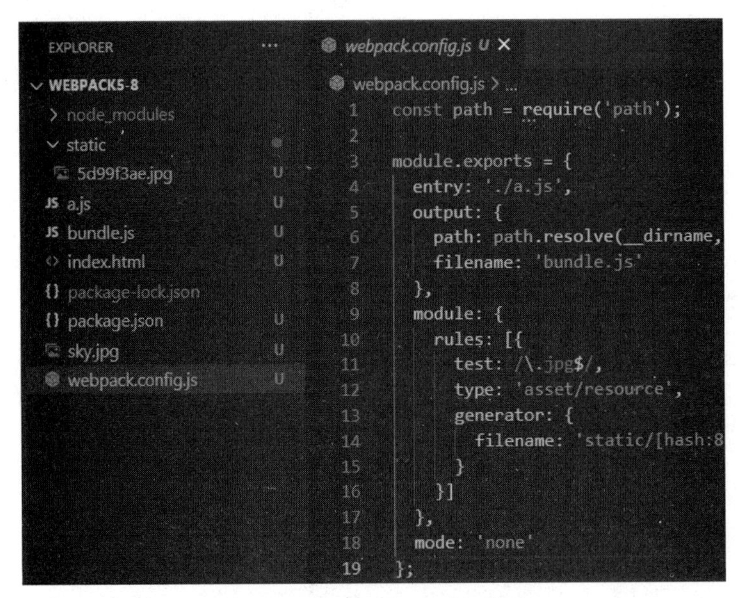

图 5-15 打包后的文件目录

2. 在 output 里配置

接下来是第二种配置资源模块文件名称的方式，修改配套代码示例 webpack5-7 的 Webpack 配置文件，配套代码示例是 webpack5-9。

修改 webpack.config.js 文件后的内容如下。

```
const path = require('path');

module.exports = {
  entry: './a.js',
  output: {
    path: path.resolve(__dirname, ''),
    filename: 'bundle.js',
    assetModuleFilename: 'static/[hash:6][ext][query]'
  },
  module: {
    rules: [{
      test: /\.jpg$/,
      type: 'asset/resource'
    }]
  },
  mode: 'none'
};
```

该配置文件与配套代码示例 webpack5-7 不同的地方是，在 output 里增加了 assetModuleFilename 配置项，该配置项用来表示资源模块处理文件后的名称。

执行 npx webpack 命令后，打包后的文件目录如图 5-16 所示。

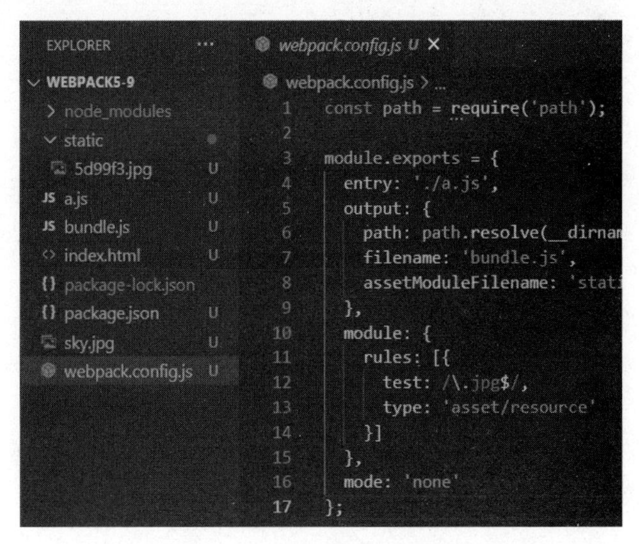

图 5-16　打包后的文件目录

这两种方式配置资源文件名称的效果是一样的，并且仅可用于 type 取值是 asset 和 asset/resource 的情况。

5.4.3 资源类型为 asset/inline

现在我们来学习一下当 type 是 asset/inline 时资源模块的使用方法，配套代码示例是 webpack5-10。

它的使用非常简单，只需要在 Webpack 配置文件里把 module.rules 的 type 配置成 asset/inline 即可，其余的配置及安装与配套代码示例 webpack5-7 完全一致。

webpack.config.js 文件的内容如下。

```
const path = require('path');

module.exports = {
  entry: './a.js',
  output: {
    path: path.resolve(__dirname, ''),
    filename: 'bundle.js'
  },
  module: {
    rules: [{
      test: /\.jpg$/,
      type: 'asset/inline'
    }]
  },
  mode: 'none'
};
```

执行 npx webpack 命令打包后，我们观察一下文件目录，如图 5-17 所示。

可以看到文件目录里没有新增图片文件，因为原始图片已经被处理成 Base64 格式编码的 data URL 并直接存放于打包生成的资源 bundle.js 文件里了。

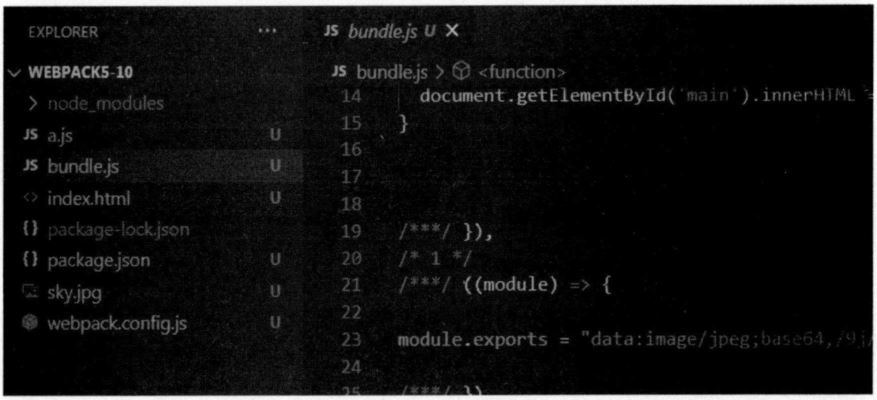

图 5-17　文件目录

这里的 data URL 默认使用 Base64 算法进行编码，通过配置 generator.dataUrl 可以自定义编码算法。

5.4.4　资源类型为 asset

在资源模块 type 的值取 asset 的情况下，Webpack 默认对大于 8 KB 的资源会以 asset/resource 的方式处理，否则会以 asset/inline 的方式处理。

我们可以修改该资源大小的阈值，在 module.rule 的 parser.dataUrlCondition. maxSize 中进行配置，我们以一个例子来演示，配套代码示例是 webpack5-11。

a.js 文件的内容如下。

```
import img1 from './sky.jpg';
import img2 from './flower.png';
console.log(img1);
console.log(img2);

var dom1 = `<img src='${img1}' />`;
var dom2 = `<img src='${img2}' />`;

window.onload = function () {
  document.getElementById('img1').innerHTML = dom1;
```

```
  document.getElementById('img2').innerHTML = dom2;
}
```

入口文件是 a.js，该文件引入了两个图片（4 KB 的 sky.jpg 和 150 KB 的 flower.png），将这两个图片分别插入两个 DOM 里。

webpack.config.js 文件的内容如下。

```
const path = require('path');

module.exports = {
  entry: './a.js',
  output: {
    path: path.resolve(__dirname, ''),
    filename: 'bundle.js'
  },
  module: {
    rules: [{
      test: /\.(jpg|png)$/,
      type: 'asset',
      parser: {
        dataUrlCondition: {
          maxSize: 6 * 1024 // 6KB
        }
      }
    }]
  },
  mode: 'none'
};
```

我们把 dataUrlCondition.maxSize 的值设置成 6 KB，大于该大小的图片会以 asset/resource 的方式处理，否则会以 asset/inline 的方式处理。

现在我们执行 npx webpack 命令来观察打包后的文件目录，如图 5-18 所示，可以看到 sky.jpg 被处理成了 data URL，存放于打包生成的资源 bundle.js 文件里，而 flower.png 被处理成名称是 c7bf899839c31f83b381.png 的新图片。

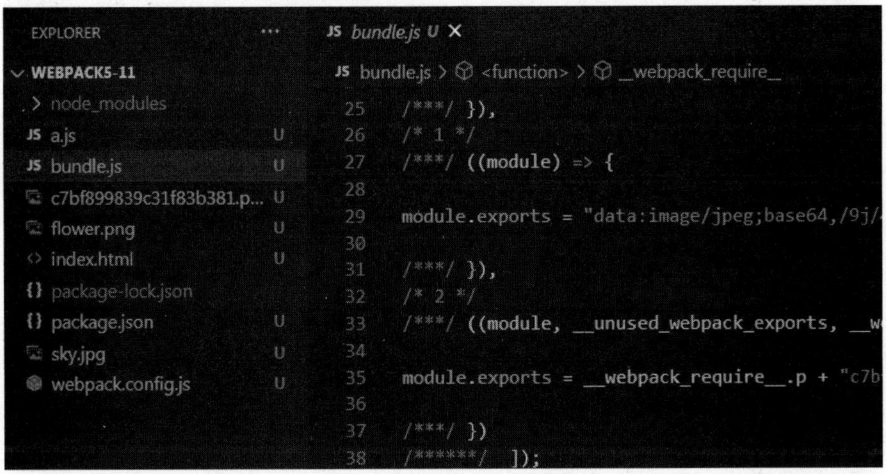

图 5-18　打包后的文件目录

在写作本书时，Asset Modules 虽然可以代替部分预处理器的功能，但要进行个性化配置时还是使用预处理器更为方便。例如，若要给预处理器配置 publicPath 的话，从目前的官方文档来看是做不到的。另外，从 Webpack 官方发布的开发日志可以了解到，Asset Modules 现在存在着 Bug，还需要进行修复。

但是 Asset Modules 是 Webpack 的未来，文件资源预处理器后续已经不进行维护了，随着 Asset Modules 功能的优化，未来会完全取代 file-loader 等预处理器。开发者需要留意 Asset Modules 的最新状态。

5.5　本章小结

在本章中，我们讲解了 Webpack 开发环境的配置。

我们首先讲解了 webpack-dev-server，它是本章的核心，它有自动刷新和模块热替换等功能。接着讲解了 source map，它方便我们观察原始代码。最后讲解了 Asset Modules，它未来会取代 file-loader 等预处理器。

第6章

Webpack 生产环境配置

本章主要讲解 Webpack 生产环境配置。

生产环境是指代码会被用户直接使用的线上正式环境，这些代码通常存放在后端服务器和 CDN 上。

项目要上线，我们就需要一个提供给生产环境使用的 Webpack 配置，我们用该配置来打包前端工程，打包后的代码可以直接存放在后端服务器和 CDN 上。

在第 5 章中，我们讲解了开发环境的配置，实际开发中，开发环境的配置和生产环境的配置有很多是相同的，例如，都会配置相同的 entry 配置。对于相同的配置，考虑到代码的复用性和可维护性，我们通常要提取出相同的配置，然后区分打包环境。这时我们就需要用到环境变量的知识。

相同的配置要分别与开发环境和生产环境合并，我们会用到 webpack-merge 这个工具，它类似于 Object.assign 方法，但它比 Object.assign 更加强大，非常适合对 Webpack 的配置项进行合并。

生产环境与开发环境不同的一点就是对样式的处理，本章会重点介绍如何对生产环境的样式文件进行构建配置。

本章最后会介绍一个配置项 performance，它可以对我们打包的一些指标进行监控。例如，当打包文件超过 500 KB 时，就会发出警告提示。

学完本章，就会完成 Webpack 基本知识的学习。

6.1　环境变量

环境变量，指的是设定程序运行环境的一些参数。这里的程序也包括操作系统，操作系统本质上是一个大型程序。

在我们使用 Webpack 的过程中，会遇到以下两种环境变量。

1）Node.js 环境里的环境变量。

2）Webpack 打包模块里的环境变量。

下面我们分别来讲解。

6.1.1　Node.js 环境里的环境变量

Node.js 环境里的环境变量，指的是用 Node.js 执行 JS 代码时可以获取到的环境变量，它们存放在 process.env 模块中。

我们先来获取 Node.js 的环境变量。在任意目录下新建一个 test.js 文件，在里面输入 console.log(process.env)后保存，然后在命令行控制台使用 node test.js 命令执行该脚本，就可以看到当前 Node.js 的环境变量，如图 6-1 所示。

如果我们想要自定义一个 Node.js 环境变量，在 Windows 操作系统下，可以通过 set 命令。我们在命令行控制台输入 set MY_ENV=dev 命令后按回车键，这时不要退出当前的命令行窗口，接着在命令行控制台使用 node test.js 命令执行该脚本，观察当前 Node.js 的环境变量，可以看到多了一个 MY_ENV：'dev'的键值对，这就是我们设置的环境变量，如图 6-2 所示。

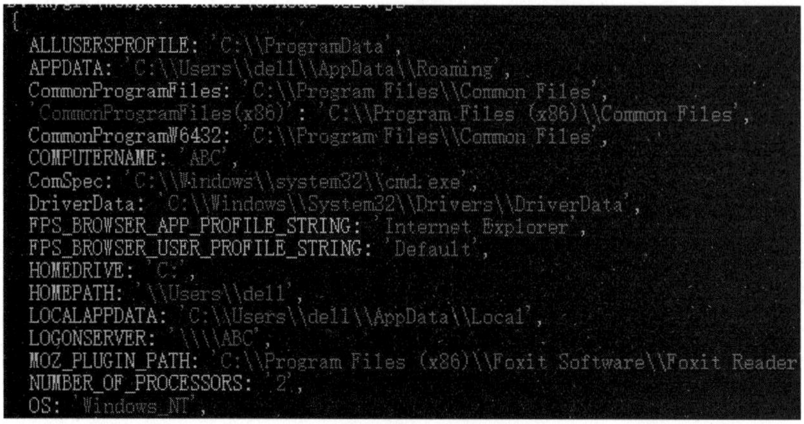

```
{
  ALLUSERSPROFILE: 'C:\\ProgramData',
  APPDATA: 'C:\\Users\\dell\\AppData\\Roaming',
  CommonProgramFiles: 'C:\\Program Files\\Common Files',
  'CommonProgramFiles(x86)': 'C:\\Program Files (x86)\\Common Files',
  CommonProgramW6432: 'C:\\Program Files\\Common Files',
  COMPUTERNAME: 'ABC',
  ComSpec: 'C:\\Windows\\system32\\cmd.exe',
  DriverData: 'C:\\Windows\\System32\\Drivers\\DriverData',
  FPS_BROWSER_APP_PROFILE_STRING: 'Internet Explorer',
  FPS_BROWSER_USER_PROFILE_STRING: 'Default',
  HOMEDRIVE: 'C:',
  HOMEPATH: '\\Users\\dell',
  LOCALAPPDATA: 'C:\\Users\\dell\\AppData\\Local',
  LOGONSERVER: '\\\\ABC',
  MOZ_PLUGIN_PATH: 'C:\\Program Files (x86)\\Foxit Software\\Foxit Reader
  NUMBER_OF_PROCESSORS: '2',
  OS: 'Windows_NT',
```

图 6-1　当前 Node.js 的环境变量

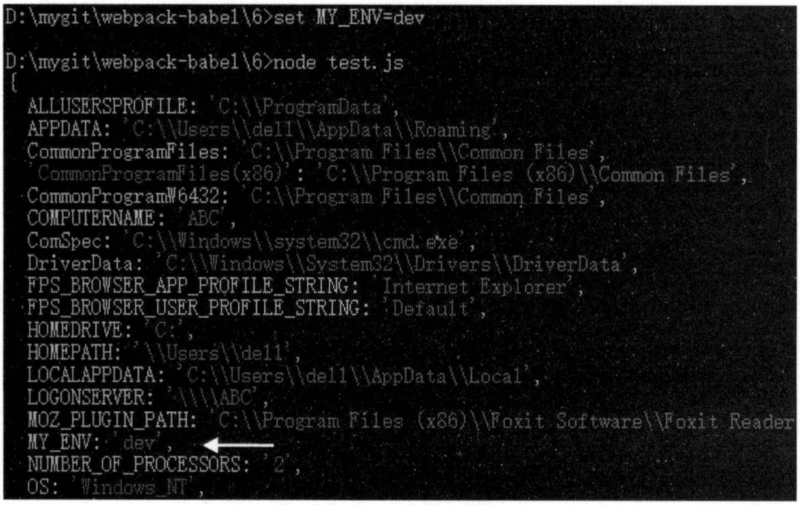

```
D:\mygit\webpack-babel\6>set MY_ENV=dev

D:\mygit\webpack-babel\6>node test.js
{
  ALLUSERSPROFILE: 'C:\\ProgramData',
  APPDATA: 'C:\\Users\\dell\\AppData\\Roaming',
  CommonProgramFiles: 'C:\\Program Files\\Common Files',
  'CommonProgramFiles(x86)': 'C:\\Program Files (x86)\\Common Files',
  CommonProgramW6432: 'C:\\Program Files\\Common Files',
  COMPUTERNAME: 'ABC',
  ComSpec: 'C:\\Windows\\system32\\cmd.exe',
  DriverData: 'C:\\Windows\\System32\\Drivers\\DriverData',
  FPS_BROWSER_APP_PROFILE_STRING: 'Internet Explorer',
  FPS_BROWSER_USER_PROFILE_STRING: 'Default',
  HOMEDRIVE: 'C:',
  HOMEPATH: '\\Users\\dell',
  LOCALAPPDATA: 'C:\\Users\\dell\\AppData\\Local',
  LOGONSERVER: '\\\\ABC',
  MOZ_PLUGIN_PATH: 'C:\\Program Files (x86)\\Foxit Software\\Foxit Reader
  MY_ENV: 'dev',
  NUMBER_OF_PROCESSORS: '2',
  OS: 'Windows_NT',
```

图 6-2　自定义的环境变量

如果是 Linux 操作系统，可以通过 export 命令设置环境变量：export MY_ENV=dev。

在实际开发中，我们一般需要设置跨操作系统的环境变量。通常，在 npm 的 package.json 文件中，我们可以通过跨操作系统的 cross-env MY_ENV=dev 这种方式进行环境变量的设置。cross-env 是一个 npm 包，安装完成后就可以使用它了。

```
npm install --save-dev cross-env@7.0.3
```

现在新建一个项目，配套代码示例是 webpack6-1。

通过 npm init -y 命令初始化项目后，我们在 package.json 文件里增加如下的脚本命令。

```
"scripts": {
  "build": "cross-env MY_ENV=dev webpack"
}
```

这样我们在执行 npm run build 命令的时候，会先执行 cross-env MY_ENV=dev 命令来设置系统的环境变量，紧接着执行 webpack 命令进行打包，这个打包过程会寻找默认的 Webpack 配置文件。

Webpack 的配置文件代码如下，其中的入口文件 a.js 里的代码无关紧要，a.js 文件中的代码是 var myAge = 18。

```
var path = require('path');

console.log('start');
console.log(process.env.MY_ENV);
console.log('end');

module.exports = {
  entry: './a.js',
  output: {
    path: path.resolve(__dirname, ''),
    filename: 'bundle.js'
  },
  mode: 'none'
};
```

现在我们执行 npm run build 命令，然后观察命令行控制台，可以看到控制台打印出了该环境变量值，如图 6-3 所示。

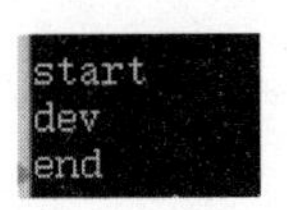

图 6-3　控制台打印出的环境变量值

MY_ENV=dev 是我们随便起的一个环境变量名，通常我们会使用业界默认的环境变量名，例如，本地开发环境可以使用 cross-env NODE_ENV=development，生产环境可以使用 cross-env NODE_ENV=production。

6.1.2 Webpack 打包模块里的环境变量

Webpack 打包模块里的环境变量，指的是我们用 Webpack 所打包文件里的环境变量，前面章节里我们打包的 a.js 和 b.js 都是这类模块。

在实际开发中，我们有时候需要在业务逻辑代码里根据此代码是运行在本地开发环境还是线上生产环境里做区分，这个时候就需要在业务模块文件里注入环境变量。

我们通过 DefinePlugin 插件来设置打包模块里的环境变量，它是 Webpack 自带的一个插件，使用方法很简单，配套代码示例是 webpack6-2。

```
var webpack = require('webpack');
//...
plugins: [
  new webpack.DefinePlugin({
    IS_OLD: true,
    MY_ENV: JSON.stringify('dev'),
    NAME: "'Jack'",
  }),
],
```

通过上面的代码，我们就在被打包的模块里注入了三个环境变量：IS_OLD、MY ENV 和 NAME。我们可以在 a.js 文件里获取到这三个变量。

a.js 文件的内容如下。

```
console.log(IS_OLD);
console.log(MY_ENV);
console.log(NAME);
```

执行 npx webpack 命令打包后，在浏览器里打开引用了 bundle.js 的 HTML 文件，我们发现控制台正常输出了 true、dev 和 Jack，如图 6-4 所示。

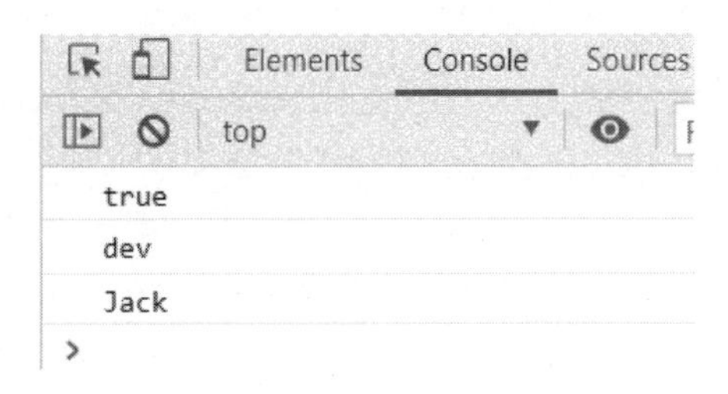

图 6-4 控制台的输出

通常我们也会采用业界通用的环境变量进行设置，在开发环境的 Webpack 配置文件里，通常将其设置为 NODE_ENV:JSON.stringify('development')，在生产环境的 Webpack 配置文件里，通常将其设置为 NODE_ENV:JSON.stringify('production')。

需要注意的是，我们在设置一个字符串值的时候，需要在外层再包裹一层引号，或者使用 JSON.stringify()方法。如果不进行一层额外包裹，Webpack 会把该字符串当成一个变量来处理。

本节主要讲解了 Webpack 使用过程中会遇到的两种环境变量，Node.js 环境里的环境变量及 Webpack 打包模块里的环境变量。它们的区别简单描述就是：Node.js 环境里的环境变量是用 Node.js 执行 JS 脚本时的变量；Webpack 打包模块里的环境变量是在被打包文件里可以获取到的变量。

6.2 样式处理

在第 1 章介绍预处理器的时候，使用了 style-loader 和 css-loader 来处理样式。经过 style-loader 和 css-loader 处理后的样式代码是通过 JS 逻辑动态插入页面里的。在线上的生产环境中，我们往往需要把样式代码提取到单独的 CSS 文件里，这个时候就需要做一些额外的处理。

6.2.1 样式文件的提取

样式文件的提取需要用到 Webpack 插件，Webpack 3 及之前的版本里常用到的插件是 extract-text-webpack-plugin，Webpack 3 之后的版本里一般用的插件是 mini-css-extract-plugin。本节我们讲解 mini-css-extract-plugin 这个插件的使用方法。

我们先看一个示例，配套代码示例是 webpack6-3。

首先安装相应的 npm 包。

```
npm install -D webpack@5.21.2 webpack-cli@4.5.0
npm install -D css-loader@5.0.2 mini-css-extract-plugin@1.3.9
```

webpack.config.js 文件的内容如下。

```
var path = require('path');
var MiniCssExtractPlugin = require('mini-css-extract-plugin');

module.exports = {
  entry: './a.js',  // a.js 里引入了 CSS 文件
  output: {
    path: path.resolve(__dirname, ''),
    filename: 'bundle.js'
  },
  module: {
    rules: [{
      test: /\.css$/,
      use: [
        MiniCssExtractPlugin.loader,
        'css-loader'
      ],
    }],
  },
  plugins:[
    new MiniCssExtractPlugin({
      filename: '[name]-[contenthash:8].css',
      chunkFilename: '[id].css',
    }),
  ],
```

```
  mode: 'none'
};
```

要打包的工程的入口文件是 a.js，a.js 文件里引入了样式文件 b.css。

a.js 文件的内容如下。

```
import './b.css'
b.css
.hello {
  margin: 30px;
  color: blue;
}
```

现在我们执行 npx webpack 命令进行打包，可以看到新生成了 bundle.js 和 main-6c180ee5.css 这两个资源文件。main-6c180ee5.css 文件里的内容就是 b.css 文件里的样式代码，如图 6-5 所示。

```
D:\mygit\webpack-babel\6\webpack6-3>npx webpack
asset bundle.js 2.07 KiB [emitted] (name: main)
asset main-6c180ee5.css 45 bytes [emitted] [immutable] (name: main)
Entrypoint main 2.12 KiB = main-6c180ee5.css 45 bytes bundle.js 2.07 KiB
runtime modules 274 bytes 1 module
cacheable modules 66 bytes
  ./a.js 16 bytes [built] [code generated]
  ./b.css 50 bytes [built] [code generated]
css ./node_modules/css-loader/dist/cjs.js!./b.css 44 bytes [code generated]
webpack 5.24.3 compiled successfully in 609 ms
```

图 6-5　main-6c180ee5.css 文件里的内容

我们在 index.html 文件里引入这两个文件，可以看到样式生效了。

使用 mini-css-extract-plugin 插件时有以下两个关键点。

一是它自身带有一个预处理器，在用 css-loader 处理完 CSS 模块后，需要紧接着使用 MiniCssExtractPlugin.loader 这个预处理器。

二是它需要在 Webpack 配置文件的插件列表进行配置，执行 new MiniCssExtractPlugin 命令时需要传入一个对象，filename 表示同步代码里提取的 CSS 文件名称，

chunkFilename表示异步代码里提取的CSS文件名称。我们这个例子里只有同步代码，所以生成的CSS文件名称是main-6c180ee5.css。

现在我们已经通过mini-css-extract-plugin插件把样式代码提取到单独的CSS文件里，但这些CSS文件目前孤零零地躺在打包后的资源目录里，需要手动引入HTML文件里。

在实际开发中，手动引入样式文件会大大增加开发成本，我们需要让HTML文件自动引入CSS文件。第4章里介绍过html-webpack-plugin插件，使用它可以自动引入打包后生成的CSS文件，配套代码示例是webpack6-4。

我们修改配置文件webpack.config.js，内容如下。

```
//...
var HtmlWebpackPlugin = require('html-webpack-plugin');
//...
plugins:[
  new HtmlWebpackPlugin({
    template: 'template.html'
  }),
  new MiniCssExtractPlugin({
    filename: '[name]-[contenthash:8].css',
    chunkFilename: '[id].css',
  }),
],
```

我们增加一个HTML模板文件template.html，内容如下。

```
<!DOCTYPE html>
<html lang="en">
<head>
</head>
<body>
  <div class="hello">Hello, Loader</div>
</body>
</html>
```

执行 npm install -D html-webpack-plugin@5.1.0 命令进行安装后，执行 npx webpack 命令进行打包，在浏览器里打开 index.html 文件，就可以看到自动引入了打包后的资源文件。

6.2.2 Sass 处理

在业务开发中，我们通常会采用 Sass 或 Less 来书写样式文件，本节介绍 Sass 样式文件如何进行处理，Less 样式文件的处理也是类似的。

处理 Sass 样式文件需要使用 sass-loader 预处理器，使用它需要先安装 sass-loader 这个 npm 包。sass-loader 底层依赖于 Node Sass 或 Dart Sass 进行处理，它们对应的 npm 包的名称分别是 node-sass 和 sass。因为 node-sass 包在安装使用过程中容易遇到一些问题，所以我们推荐使用 sass 这个 npm 包，配套代码示例是 webpack6-5。安装 sass 包的命令如下。

```
npm install -D sass@1.32.8  sass-loader@11.0.1
```

Sass 有两种书写样式的方式，分别是 Sass 和 Scss，这里我们采用 Scss 的书写方式。

新建样式文件 c.scss 内容如下。

```
body {
  .hello {
    margin: 30px;
    color: blue;
  }
}
```

a.js 文件的内容如下。

```
import './c.scss'
```

webpack.config.js 文件的内容如下。

```
var path = require('path');
var MiniCssExtractPlugin = require('mini-css-extract-plugin');
var HtmlWebpackPlugin = require('html-webpack-plugin');

module.exports = {
  entry: './a.js',  // a.js 里引入了 CSS 文件
  output: {
    path: path.resolve(__dirname, ''),
    filename: 'bundle.js'
  },
  module: {
    rules: [
      {
        test: /\.(scss|css)$/,
        use: [
          MiniCssExtractPlugin.loader,
          'css-loader',
          'sass-loader',
        ],
      },
    ],
  },
  plugins:[
    new HtmlWebpackPlugin({
      template: 'template.html'
    }),
    new MiniCssExtractPlugin({
      filename: '[name]-[contenthash:8].css',
      chunkFilename: '[id].css',
    }),
  ],
  mode: 'none'
};
```

与之前的不同点主要是 rules 里处理样式文件的变化，test 改为了/\.(scss|css)$/，预处理器首先使用 sass-loader。

执行 npx webpack 命令进行打包，我们发现 c.scss 样式文件被顺利处理。

```
body .hello {
  margin: 30px;
```

```
  color: blue;
}
```

6.2.3 PostCSS

PostCSS 是一个转换 CSS 的工具，但它本身没有提供具体的样式处理能力。我们可以认为它是一个插件平台，具体的样式处理能力由它转交给专门的样式插件来处理，配套代码示例是 webpack6-6。

在使用 PostCSS 的时候也需要增加相应的配置文件，我们在工程根目录下增加 postcss.config.js 文件，内容如下。

```
module.exports = {};
```

该配置文件提供了一个对象，具体处理 CSS 的特性就在该对象上进行配置。

在 Webpack 中使用 PostCSS，需要安装 postcss-loader 这个 npm 包。在 Webpack 文件里配置处理样式模块规则时，让 postcss-loader 在 css-loader 之前进行处理即可。

```
npm install -D postcss-loader@5.1.0
module: {
  rules: [
    {
      test: /\.(scss|css)$/,
      use: [
        MiniCssExtractPlugin.loader,
        'css-loader',
        'postcss-loader',
        'sass-loader',
      ],
    },
  ],
},
```

安装完与之前一样的 npm 包后，执行 npx webpack 命令打包，我们发现打包后的样式文件和不使用 postcss-loader 处理时是一样的，这是因为我们没有进行 PostCSS 的配置。

在开发过程中，我们使用 PostCSS 最重要的一个功能就是提供 CSS 样式浏览器厂商私有前缀，它是通过 Autoprefixer 来实现的。我们也可以通过 postcss-preset-env 来实现该功能，postcss-preset-env 里包含了 Autoprefixer，本书将直接使用 Autoprefixer。

```
npm install --save-dev autoprefixer@10.2.5
```

我们的样式文件代码如下，在里面使用了 flex 布局属性，配套代码示例是 webpack6-7。

c.scss 文件的内容如下。

```
body {
  .hello {
    margin: 30px;
    color: blue;
    display: flex;
  }
}
```

在一些旧版本的浏览器里，flex 等属性需要添加浏览器私有前缀才能使用。例如，比较旧的 Chrome 浏览器需要加-webkit-前缀。现在我们使用 Autoprefixer 自动加前缀。

修改 postcss.config.js 文件后的内容如下。

```
var autoprefixer = require('autoprefixer');

module.exports = {
  plugins: [
    autoprefixer({
      browsers: [
        "chrome >= 18"
      ]
    })
  ]
};
```

然后执行 npx webpack 命令进行打包，打包后的样式文件如下。

```
body .hello {
  margin: 30px;
  color: blue;
  display: -webkit-box;
  display: -webkit-flex;
  display: flex;
}
```

可以看到，已经添加了前缀。

在进行打包的时候，会提示我们使用 browserslist 来代替在 Autoprefixer 里配置的 browsers，如果你对 browserslist 熟悉的话，可以在 browserslist 配置文件里进行配置，因为 browserslist 的配置对 Babel 也会生效，适用范围更广，这里就不展开介绍了。

PostCSS 支持的插件非常多，对每一个插件的使用根据其文档进行配置即可，根据业务需求的不同，读者可以自行选择。

6.3　合并配置 webpack-merge

在实际开发中，开发环境和生产环境的配置有很多是相同的，例如都会配置相同的 entry。考虑到代码的复用性和可维护性，我们通常要把相同的配置提取出来，以供开发环境和生产环境来使用。我们来看一个例子，配套代码示例是 webpack6-8。

在这个例子里，我们在 package.json 文件里配置了两个 npm 命令，分别对应本地开发环境打包和生产环境打包。

```
"scripts": {
  "start": "cross-env NODE_ENV=development webpack serve",
  "build": "cross-env NODE_ENV=production webpack"
},
```

当执行 npm run start 命令的时候，会将环境变量 NODE_ENV 设置为 development 并开启本地 Webpack 开发服务；当执行 npm run build 命令的时候，会将环境变量 NODE_ENV 设置为 production 后进行 Webpack 打包。

Webpack 的配置文件 webpack.config.js 的内容如下。

```
var path = require('path');
var MiniCssExtractPlugin = require('mini-css-extract-plugin');
var HtmlWebpackPlugin = require('html-webpack-plugin');

let loaders = [];
let plugins = [
  new HtmlWebpackPlugin({
    template: 'template.html'
  })
];

if (process.env.NODE_ENV == 'development') {
  loaders = ['style-loader', 'css-loader'];
} else {
  loaders = [
    MiniCssExtractPlugin.loader,
    'css-loader'
  ];
  let plugin = new MiniCssExtractPlugin({
    filename: '[name]-[contenthash:8].css',
    chunkFilename: '[id].css',
  });
  plugins.push(plugin)
}

module.exports = {
  entry: './a.js',  // a.js 里引入了 CSS 文件
  output: {
    path: path.resolve(__dirname, ''),
    filename: 'bundle.js'
  },
  module: {
    rules: [{
      test: /\.css$/,
```

```
      use: loaders
    }],
  },
  plugins: plugins,
  mode: 'none'
};
```

该例子使用了 html-webpack-plugin 插件，插件模板 template.html 的内容如下。

```html
<!DOCTYPE html>
<html lang="en">
<head>
</head>
<body>
  <div class="hello">Hello, Loader</div>
</body>
</html>
```

入口文件是 a.js，它的作用是引入样式文件 b.css，该样式文件使.hello 这个 div 的 margin 变成 30px 且文字颜色变成蓝色。

a.js 文件的内容如下。

```
import './b.css'
```

b.css 文件的内容如下。

```css
.hello {
  margin: 30px;
  color: blue;
}
```

观察 Webpack 配置文件的代码，我们对环境变量进行了判断，对于开发环境与生产环境分别配置了不同的预处理器与插件。在开发环境下，在使用 css-loader 解析完 CSS 文件后直接使用 style-loader 将其打包到 bundle.js 文件里；而生产环境则使用了 mini-css-extract-plugin 插件将 CSS 文件单独提取出来。分别执行 npm run start 命令和 npm run build 命令打包后，浏览器显示分别如图 6-6 和图 6-7 所示。

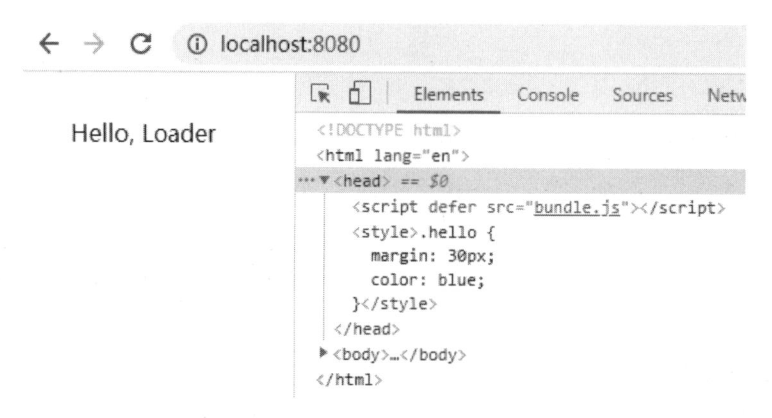

图 6-6　执行 npm run start 命令后的浏览器显示

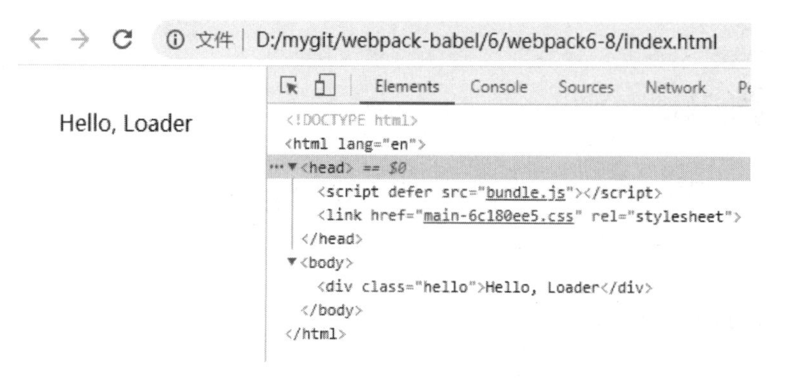

图 6-7　执行 npm run build 命令后的浏览器显示

在上面的例子中，我们把开发环境与生产环境的配置项写在同一个文件里，在项目简单的时候，我们还能接受这种合并的写法。但一旦项目变得复杂起来，就会难以维护。

针对这个问题，业界流行的解决办法是把开发环境与生产环境公共的配置提取到一个单独的文件里，然后分别维护一份开发环境的配置文件和一份生产环境的配置文件，并将公共配置文件的 JS 代码合并到这两个文件里。

提到合并，ES6 的 Object.assign 方法可以对 JS 对象进行合并。

```
var obj1 = {
  name: 'Jack',
```

```
  age: 18,
  books: ['A', 'B', 'C']
};
var obj2 = {
  name: 'Tom',
  books: ['A', 'E']
};
var obj = Object.assign({}, obj1, obj2);
console.log(obj);
```

我们在浏览器里执行这段代码，浏览器打印出的 obj 如下。

```
{name: "Tom", age: 18, books: ['A', 'E']}
```

可以看到，合并后的值取的是最后传入参数里的值，它无法完成多级数据的深拷贝，因此对我们合并 Webpack 配置文件这种层级结构非常多的 JS 对象来说并不适用。

针对这个问题，Webpack 社区提供了 webpack-merge 工具，它非常适合 Webpack 文件的合并。

安装 webpack-merge 只需要安装它的 npm 包即可，使用的时候只需要使用它对外提供的 merge 方法，直接合并 Webpack 配置文件即可。

```
npm install -D webpack-merge@5.7.3
```

现在我们把上面例子的 Webpack 配置文件进行改写，配套代码示例是 webpack6-9。

webpack.common.js 是公共配置文件，webpack.development.js 与 webpack.production.js 分别是开发环境配置文件与生产环境配置文件。

webpack.common.js 文件的内容如下。

```
var path = require('path');
var HtmlWebpackPlugin = require('html-webpack-plugin');

module.exports = {
```

```
  entry: './a.js',
  output: {
    path: path.resolve(__dirname, ''),
    filename: 'bundle.js'
  },
  module: {
  },
  plugins: [
    new HtmlWebpackPlugin({
      template: 'template.html'
    })
  ],
  mode: 'none'
};
```

webpack.development.js 文件的内容如下。

```
const { merge } = require('webpack-merge');
const common = require('./webpack.common.js');

module.exports = merge(common, {
  module: {
    rules: [{
      test: /\.css$/,
      use: ['style-loader', 'css-loader']
    }],
  }
});
```

webpack.production.js 文件的内容如下。

```
const { merge } = require('webpack-merge');
const common = require('./webpack.common.js');
const MiniCssExtractPlugin = require('mini-css-extract-plugin');

module.exports = merge(common, {
  module: {
    rules: [{
      test: /\.css$/,
      use: [ MiniCssExtractPlugin.loader, 'css-loader']
    }],
```

```
  },
  plugins: [
    new MiniCssExtractPlugin({
        filename: '[name]-[contenthash:8].css',
        chunkFilename: '[id].css',
    })
  ]
});
```

最后修改 package.json 文件里的 npm 命令，使 Webpack 打包时使用指定的配置文件。

```
"scripts": {
    "start": "cross-env NODE_ENV=development webpack serve --config
webpack.development.js",
    "build": "cross-env NODE_ENV=production webpack --config
webpack.production.js"
  },
```

现在分别执行 npm run start 命令和 npm run build 命令打包，效果和配套代码示例 webpack6-8 完全一致。

webpack-merge 工具给我们的配置文件增加了灵活性和可维护性，在之前的版本里它还支持 merge.smart 方法进行智能合并，但由于该方法要考虑的边界条件太多，从 2020 年开始该工具已经不再支持 merge.smart 方法了。在我们平时的前端开发工作中，只需要使用其基础的 merge 方法，就可以很好地完成配置文件的编写工作。

6.4　性能提示

在使用 Webpack 将代码打包到线上生产环境的时候，我们需要观察打包后的资源大小是否合适，如果文件太大，就需要减小其体积以便提升页面加载速度。

在 Webpack 配置文件里，可以用 performance 配置项进行性能提示。例如，如果一个资源超过 512 kB，Webpack 会输出一个警告来通知使用者。

```
performance: {
  maxEntrypointSize: 512000,
  maxAssetSize: 512000,
},
```

Performance 有四个参数，分别是 hints、maxEntrypointSize、maxAssetSize 和 assetFilter。

1. hints

该参数用来配置 Webpack 如何提示信息。它有三种可配置值，分别是字符串类型的 warning 与 error，以及布尔值 false，其默认值是 warning。当配置为 warning 或 error 时，Webpack 会进行警告或错误提示；若配置为 false，则不进行信息提示。

2. maxEntrypointSize

该参数用来配置 Webpack 入口资源的最大体积，超过该值就会进行信息提示，默认值是 250 000，单位是 Byte，即 250 kB。

3. maxAssetSize

该参数用来配置 Webpack 打包资源的最大体积，超过该值就会进行信息提示，默认值是 250 000，单位是 Byte。

4. assetFilter

该参数用来配置哪些文件会被 Webpack 进行性能提示，该参数值是一个函数，默认值如下，一般不需要我们进行修改。

```
function assetFilter(assetFilename) {
  return !/\.map$/.test(assetFilename);
}
```

现在我们通过一个例子来实际配置性能提示，配套代码示例是 webpack6-10。

webpack.config.js 文件的内容如下。

```
var path = require('path');

module.exports = {
  entry: './a.js',
  output: {
    path: path.resolve(__dirname, ''),
    filename: 'bundle.js'
  },
  performance: {
    hints: 'error',
    maxEntrypointSize: 1000,
  },
  mode: 'none'
};
```

入口文件 a.js 的内容如下。

```
let str = 'ewtewtae...';  // 一个非常长的字符串，使 a.js 的体积大小为 1.3 kB
console.log(str);
```

安装 npm 包后，执行 npx webpack 命令打包，这个时候 Webpack 在命令行窗口中进行了错误提示，如图 6-8 所示。

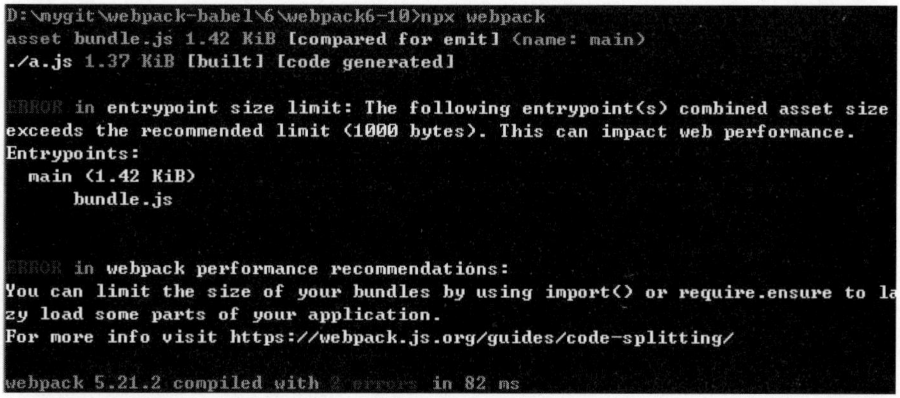

```
D:\mygit\webpack-babel\6\webpack6-10>npx webpack
asset bundle.js 1.42 KiB [compared for emit] (name: main)
./a.js 1.37 KiB [built] [code generated]

ERROR in entrypoint size limit: The following entrypoint(s) combined asset size
exceeds the recommended limit (1000 bytes). This can impact web performance.
Entrypoints:
  main (1.42 KiB)
      bundle.js


ERROR in webpack performance recommendations:
You can limit the size of your bundles by using import() or require.ensure to la
zy load some parts of your application.
For more info visit https://webpack.js.org/guides/code-splitting/

webpack 5.21.2 compiled with 2 errors in 82 ms
```

图 6-8　错误提示

出现此错误提示是因为我们把 performance.hints 配置为了 error，并且 performance.

maxEntrypointSize 的值为 1000（1 kB），而入口文件 a.js 的体积大小是 1.3 kB，超过了限值 1 kB。当我们把 performance.maxEntrypointSize 设置为 3000 的时候，它的体积大小已经超过了我们的入口文件体积大小，也就不会再提示错误信息了。

6.5 本章小结

本章主要讲解了 Webpack 生产环境配置的知识。

在实际开发中，会存在多个环境的打包区分，我们通过环境变量来区分环境。不同的环境存在相同的配置项，也会存在不同的配置项，我们通过 webpack-merge 这个工具来合并 Webpack 配置项。生产环境与开发环境不同的一点是对样式的处理，本章重点介绍如何进行生产环境的样式文件配置。最后介绍了配置项 performance，它可以对我们打包资源的体积大小进行监控，方便做一些性能优化。

第7章

Webpack 性能优化

Webpack 性能优化总体包括两部分，分别是开发环境的优化与生产环境的优化。

开发环境的优化与生产环境的优化有一个共同目标，那就是减少打包时间，这也是 Webpack 非常重要的优化目标。

对于开发环境，我们还要针对开发者的使用体验做一些优化；而对于生产环境，我们还需要提升 Web 页面的加载性能。

另外，对于性能优化，我们要做整体考虑，既要考虑打包时间减少比例，也要考虑时间的度量。举一个极端的对照例子，打包时间从 12 min 优化到 3 min 与从 12 s 优化到 3 s，减少比例是一样的，但付出的研发成本可能是不一样的。对于前者，我们可能只需要一天时间就能达到优化效果；对于后者，可能花费一个月的时间都达不到优化效果。

从整体考虑，从 12 s 优化到 3 s 的价值并不大。我们按每周打包生产环境 1 次来算，一年打包大约 50 次，一共节约了不到 8 min。另外，从 12 s 优化到 3 s 这种极致优化，可能会带来复杂的 Webpack 配置和构建预处理，反而会增加开发者的心智负担。所以，这种优化的意义不大。通常生产环境打包 3 min 左右都是可以接受的，当然打包时间越短越好，但我们也要综合考虑投入产出比。

本章首先会介绍两个可以用来监控构建性能的工具，分别用来监控打包体积大小和打包时间。接下来会介绍一些具体的优化措施。

7.1 打包体积分析工具 webpack-bundle-analyzer

为了更快捷地进行 Webpack 优化，我们需要一些可视化工具来监控并分析打包的结果。webpack-bundle-analyzer 是一个非常有用的 Webpack 优化分析工具，它通过可缩放图像的形式，帮我们分析打包后的资源体积大小，并可以分析该资源由哪些模块组成。

它的使用也非常简单，本节我们会直接通过一个例子来进行讲解，配套代码示例是 webpack7-1。

7.1.1 安装

在本地新建项目目录 webpack7-1，然后安装相关的 npm 包。

```
    npm install --save-dev webpack@5.21.2  webpack-cli@4.5.0
css-loader@5.0.2 html-webpack-plugin@5.1.0
mini-css-extract-plugin@1.3.9
```

接下来安装本节要学习的 webpack-bundle-analyzer。

```
    npm install --save-dev webpack-bundle-analyzer@4.3.0
```

7.1.2 使用

在项目目录下新建 Webpack 配置文件。

webpack.config.js 文件的内容如下。

```
    var path = require('path');
    var HtmlWebpackPlugin = require('html-webpack-plugin');
    var MiniCssExtractPlugin = require('mini-css-extract-plugin');
    var BundleAnalyzerPlugin =
require('webpack-bundle-analyzer').BundleAnalyzerPlugin;

    module.exports = {
      entry: {
```

```
    app1: './a.js',
    app2: './d.js',
  },
  output: {
    path: path.resolve(__dirname, 'dist'),
    filename: '[contenthash:8]-[name].js'
  },
  module: {
    rules: [{
      test: /\.css$/,
      use: [
        MiniCssExtractPlugin.loader,
        'css-loader'
      ],
    }],
  },
  plugins:[
    new HtmlWebpackPlugin({
      title: 'Webpack 与 Babel 入门教程',
    }),
    new MiniCssExtractPlugin({
      filename: '[name]-[contenthash:8].css',
      chunkFilename: '[id].css',
    }),
    new BundleAnalyzerPlugin(),
  ],
  mode: 'none'
};
```

在这里，我们使用了之前已经学习过的几个预处理器与插件，即 html-webpack-plugin、mini-css-extract-plugin 和 css-loader，入口文件有两个，分别是 a.js 文件与 d.js 文件。

a.js 文件的内容如下。

```
import { name } from './b.js';
import './c.css';
console.log(name);
```

d.js 文件的内容如下。

```
var year = 2022;
//...
console.log(year);
```

a.js 文件使用了模块 b.js 和 c.css，而 d.js 文件没有引入其他模块，c.css 是一个大小为 4 KB 的文件。

b.js 文件的内容如下。

```
export var name = 'Jack';
```

现在执行 npx webpack 命令进行打包，可以看到浏览器自动打开了一个页面，如图 7-1 所示，这就是 webpack-bundle-analyzer 开启的分析页面，这个页面可以通过控制鼠标来进行放大、缩小等操作。

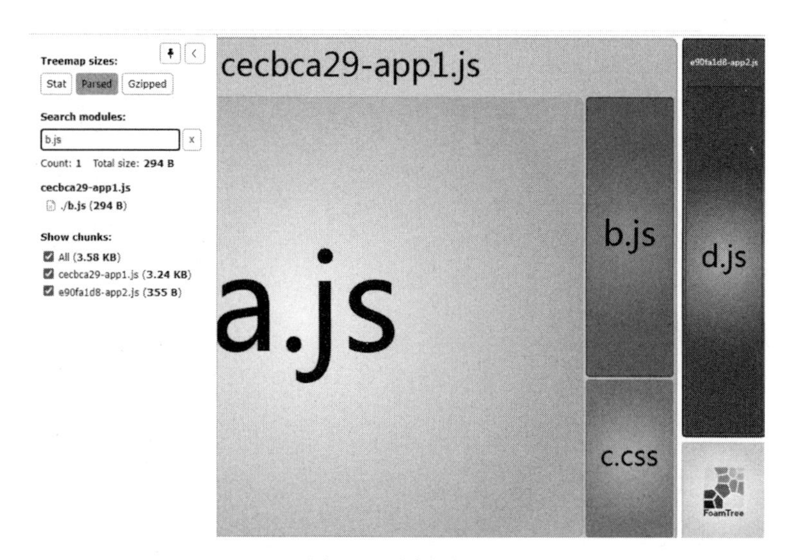

图 7-1　分析页面

页面左侧是一个工具列表，如果没有展示该列表，则页面左侧会有一个向右的箭头按钮“Show sidebar”，点击该按钮后就会展示列表。

工具列表上方是资源体积大小选项，有三种体积大小表示方法。Stat 表示资源文件原始大小，Parsed 表示经过 Webpack 基本处理后的资源文件大小，Gzipped 表示进行 Gzip 压缩后的资源文件大小，默认情况下会使用 Parsed 表示方式进行展示。

对资源进行 Gzip 压缩通常是在服务器上进行的，通过 Webpack 插件也可以对打包后的资源进行 Gzip 压缩。因为我们的静态资源一般都会上传到 CDN 或静态资源服务器上，统一进行 Gzip 压缩，所以很少会使用插件进行 Gizp 压缩。

工具列表中可以对模块进行搜索，搜索支持正则匹配，被匹配到的模块会显示为红色。列表下方有“Show chunks”栏，通过勾选相应的选项可以按需展示相应的 chunks。

页面右侧展示的是打包后的资源文件由哪些模块组成，通过对其组成与大小进行分析，可以指导我们选择合适的优化方案进行 Webpack 打包优化，例如合理分割体积过大的文件。

该插件有一些配置项可以进行手动配置，通常情况下我们不需要进行额外的配置。若有个性化配置的需要，则可以参考其文档（见链接 7）。

7.2　打包速度分析工具 speed-measure-webpack-plugin

Webpack 优化需要关注的除资源组成与大小外，还需要关注打包花费的时间，这关系到开发者的用户体验。speed-measure-webpack-plugin 工具可以帮我们分析 Webpack 在打包过程中预处理器和插件等花费的时间。

7.2.1　安装与配置

speed-measure-webpack-plugin 工具的使用非常简单，只需要在前端项目里安装其 npm 包，然后在 Webpack 配置文件里调用其 wrap 方法即可。

以往我们的 Webpack 配置文件是如下这种形式的，对外输出了一个对象。

```
module.exports = {
  entry: './a.js',
  output: {
    path: path.resolve(__dirname, ''),
    filename: 'bundle.js'
  },
  mode: 'none'
};
```

在使用 speed-measure-webpack-plugin 工具时，只需要使用它提供的 SpeedMeasurePlugin 类来生成一个新实例，然后调用实例的 wrap 方法包裹这个对象，最后对外输出即可。

```
const path = require('path');
const SpeedMeasurePlugin = require("speed-measure-webpack-plugin");
const smp = new SpeedMeasurePlugin();
let config = {
  entry: './a.js',
  output: {
    path: path.resolve(__dirname, ''),
    filename: 'bundle.js'
  },
  mode: 'none'
}

module.exports = smp.wrap(config);
```

现在我们通过一个简单的例子来学习这个工具的使用方法，配套代码示例是 webpack7-2。

新建项目目录 webpack7-2，然后安装 Webpack 及 speed-measure-webpack-plugin 工具。

```
npm install -D webpack@5.21.2  webpack-cli@4.5.0
speed-measure-webpack-plugin@1.5.0
```

Webpack 配置文件代码采用上方对外输出的 smp.wrap(config)的代码。

a.js 文件的内容如下。

```
let year = 2022;
console.log(year);
```

现在执行 npx webpack 命令进行打包，命令行控制台输出信息增加了所花费时间的展示，如图 7-2 所示。

```
 SMP
General output time took 0.078 secs

 SMP      Loaders
modules with no loaders took 0 secs
 module count = 1
```

图 7-2　命令行控制台输出信息增加了所花费时间的展示

7.2.2　预处理器与插件的时间分析

因为上一个工程比较简单，所以时间花费较少，下面我们看一个使用了预处理器与插件的例子，配套代码示例是 webpack7-3。

在这个工程里，我们使用了解析 CSS 的两个预处理器及 DefinePlugin 插件。

```
const smp = new SpeedMeasurePlugin();
let config = {
  entry: './a.js',  // a.js 里引入了 CSS 文件
  output: {
    path: path.resolve(__dirname, 'dist'),
    filename: 'bundle.js'
  },
  module: {
    rules: [{
      test: /\.css$/,
      use: [
        'style-loader',
        'css-loader'
      ],
    }],
  },
```

```
  plugins:[
    new webpack.DefinePlugin({
      MY_ENV: JSON.stringify('dev'),
    }),
  ],
  mode: 'none'
}

module.exports = smp.wrap(config);
```

安装好相关的 npm 包后，执行 npx webpack 命令完成打包，输出预处理器与插件等花费的时间，如图 7-3 所示。

```
 SMP
General output time took 0.281 secs

 SMP     Plugins
DefinePlugin took 0 secs

 SMP     Loaders
css-loader took 0.125 secs
  module count = 1
modules with no loaders took 0.031 secs
  module count = 3
style-loader, and
css-loader took 0.031 secs
  module count = 1
```

图 7-3　输出花费的时间

可以看到预处理器与插件的时间花费也展示在了控制台上。在实际开发的时候，预处理器与插件往往占据了时间花费的主要部分，我们可以通过该工具的时间分析展示，对 Webpack 进行针对性优化。

在写作本书时，speed-measure-webpack-plugin 工具可以在 Webpack 1 到 Webpack 4 的前端工程使用，而对于 Webpack 5 的生态还在适配中。如果读者在使用时遇到问题，可以尝试把相关的 Webpack 插件升级到最新版本。

7.3　资源压缩

资源压缩的主要目的是减小文件体积，以提升页面加载速度和降低带宽消耗等。资源压缩通常发生在生产环境打包的最后一个环节，本地开发环境中是不需要进行压缩处理的。

资源压缩主要是对 JS 和 CSS 文件进行压缩，常用的方式有把整个文件或大段的代码压缩成一行，把较长的变量名替换成较短的变量名，移除空格与空行等。

7.3.1　压缩 JS 文件

在 Webpack 4 之前，我们会使用 webpack.optimize.UglifyJsPlugin 或 webpack- parallel-uglify-plugin 这一类的插件进行 JS 文件压缩，现在我们通常使用 terser-webpack-plugin 插件进行 JS 文件压缩。

在 Webpack 5 中，在安装 Webpack 时会自动安装 terser-webpack-plugin 插件，因此不需要我们单独安装。

使用 terser-webpack-plugin 插件进行 JS 文件压缩时，有两种方案可以选择，一种是在 Webpack 配置项 plugins 里使用该插件进行压缩，另一种是通过 optimization 配置项来配置该插件作为压缩器进行压缩，接下来分别对这两种方案进行讲解。

1. 在 plugins 配置项里配置 terser-webpack-plugin 插件

在 plugins 配置项里配置 terser-webpack-plugin 插件和普通的插件使用方法一样，都是在 plugins 配置项里增加该插件的一个新实例。完整的配置文件如下，配套代码示例是 webpack7-4。

webpack.config.js 文件的内容如下。

```
var path = require('path');
var TerserPlugin = require("terser-webpack-plugin");
```

```
module.exports = {
  entry: './a.js',
  output: {
    path: path.resolve(__dirname, ''),
    filename: 'bundle.js'
  },
  plugins: [
   new TerserPlugin(),
  ],
  mode: 'none',
};
```

被压缩的两个 JS 文件为 a.js 和 b.js。

a.js 文件的内容如下。

```
import { name } from './b.js';
console.log(name);
```

b.js 文件的内容如下。

```
export var name = 'Jack';
```

安装好 Webpack@5.21.2 与 webpack-cli@4.5.0 后，执行 npx webpack 命令进行打包，可以观察到打包生成的 bundle.js 文件里的代码被压缩成一行代码，如图 7-4 所示。

```
JS bundle.js > ...
  1   (()=>{"use strict";var e=[(e,r,o)=>{o.r(r);var t=o(1);c
```

图 7-4　JS 文件里的代码被压缩成一行

2. 在 optimization 配置项里配置 terser-webpack-plugin 插件

在 optimization 配置项里配置 terser-webpack-plugin 插件和普通的插件使用方法不太一样，首先要开启 optimization.minimize。完整的配置文件如下，配套代码示例是 webpack7-5。

webpack.config.js 文件的内容如下。

```
var path = require('path');
var TerserPlugin = require("terser-webpack-plugin");

module.exports = {
  entry: './a.js',
  output: {
    path: path.resolve(__dirname, ''),
    filename: 'bundle.js'
  },
  optimization: {
    minimize: true,
    minimizer: [new TerserPlugin()],
  },
  mode: 'none',
};
```

optimization.minimize 是一个布尔值，optimization.minimizer 是一个数组，该数组用于存放压缩器。

当将 optimization.minimize 的值设为 true 时，Webpack 会使用 optimization.minimizer 里配置的压缩器进行压缩。在这个例子里，我们配置的压缩器是 new TerserPlugin()，在执行 npx webpack 命令进行打包后，生成的 bundle.js 文件里的代码会与前面的例子里一样被压缩成一行。

当将 optimization.minimize 的值设为 false 时，不会使用 optimization.minimizer 里配置的压缩器进行压缩。optimization.minimize 参数就像一个开关，控制着压缩器是否工作。optimization.minimizer 里除了可以配置压缩 JS 文件的压缩器，还可以配置压缩 CSS 文件的压缩器。

7.3.2 压缩 CSS 文件

在 Webpack 4 时期，用来压缩 CSS 文件的插件通常是 optimize-css-assets-webpack-plugin 插件。在写作本书的时候，optimize-css-assets-webpack-plugin 插件的开发者已

经放弃了其对 Webpack 5 的支持，建议使用 css-minimizer-webpack-plugin 插件对 CSS 文件进行压缩，因此本书选择对使用 css-minimizer-webpack-plugin 插件压缩 CSS 文件进行讲解。

本节使用一个带有 CSS 样式的工程来演示，配套代码示例是 webpack7-6。

本地新建一个项目目录 webpack7-6，安装 Webpack 及处理 CSS 样式相关的 npm 包。

```
    npm install -D webpack@5.21.2 webpack-cli@4.5.0
    npm install -D css-loader@5.0.2 mini-css-extract-plugin@1.3.9
html-webpack-plugin@5.1.0
```

我们使用 html-webpack-plugin 插件来生成 HTML 文件，模板文件 template.html 的内容如下。

```
<!DOCTYPE html>
<html lang="en">
<head>
</head>
<body>
  <div class="hello">Hello, Loader</div>
</body>
</html>
```

Webpack 配置文件的内容如下。

```
var path = require('path');
var MiniCssExtractPlugin = require('mini-css-extract-plugin');
var HtmlWebpackPlugin = require('html-webpack-plugin');
var CssMinimizerPlugin = require('css-minimizer-webpack-plugin')

module.exports = {
  entry: './a.js',  // a.js 里引入了 CSS 文件
  output: {
    path: path.resolve(__dirname, ''),
    filename: 'bundle.js'
  },
```

```
  module: {
    rules: [{
      test: /\.css$/,
      use: [
        MiniCssExtractPlugin.loader,
        'css-loader'
      ],
    }],
  },
  optimization: {
    minimize: true,
    minimizer: [new CssMinimizerPlugin()],
  },
  plugins:[
    new HtmlWebpackPlugin({
      template: 'template.html'
    }),
    new MiniCssExtractPlugin({
      filename: '[name]-[contenthash:8].css',
      chunkFilename: '[id].css',
    }),
  ],
  mode: 'none'
};
```

入口文件是 a.js，a.js 文件里引入了样式文件 b.css。

a.js 文件的内容如下。

```
import './b.css'
```

b.css 文件的内容如下。

```
.hello {
  margin: 30px;
  color: blue;
}
```

我们将 CSS 压缩器 new CssMinimizerPlugin()配置在 optimization.minimizer 参数里，在使用该压缩器前需要先安装它。

```
npm i -D css-minimizer-webpack-plugin@2.0.0
```

现在执行 npx webpack 命令进行打包，观察打包结果，可以发现生成的 CSS 文件里的代码被压缩成一行，如图 7-5 所示。

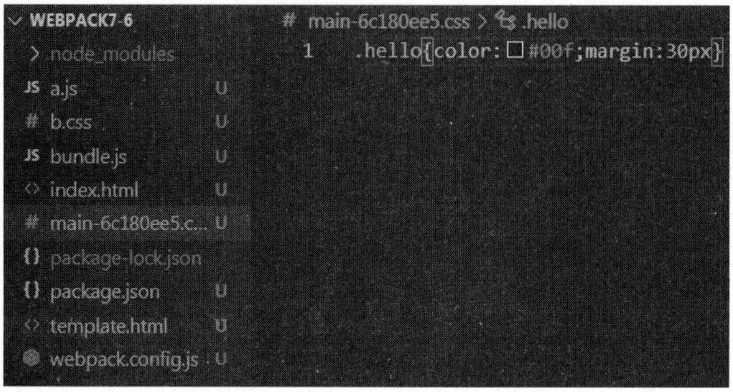

图 7-5 CSS 文件里的代码被压缩成一行

观察 bundle.js 文件，我们发现 JS 代码并没有被压缩，这是因为我们没有配置 JS 压缩器，我们在 plugins 配置项里使用 terser-webpack-plugin 插件即可，配套代码示例是 webpack7-7。

```
//...
var TerserPlugin = require("terser-webpack-plugin");

module.exports = {
  //...
  optimization: {
    minimize: true,
    minimizer: [new CssMinimizerPlugin()],
  },
  plugins:[
    new TerserPlugin(),
  //...
  ],
  mode: 'none'
};
```

执行 npx webpack 命令打包，现在就完成了对 JS 文件与 CSS 文件的压缩。

terser-webpack-plugin 与 css-minimizer-webpack-plugin 插件还支持非常多的个性化参数，例如配置使用 CPU 的线程数及过滤需要压缩的文件，读者可以查阅其文档（见链接 13、链接 14）进行相应的个性化配置。

7.4　缩小查找范围

优化 Webpack 打包时间的一个很直接的措施就是减少不需要 Webpack 处理的模块，例如，有些 JS 库的代码本身已经是压缩的了，在使用压缩插件时就需要把这些库排除掉，以避免二次压缩造成的时间浪费，我们把这个措施称作缩小查找范围或缩小打包作用域。

在使用预处理器与插件时，缩小查找范围尤为重要，本节会讲解一些常见的缩小查找范围的方法。

7.4.1　配置预处理器的 exclude 与 include

在使用预处理器解析模块时，有两个配置项可以额外配置：exclude 与 include。exclude 可以排除不需要该预处理器解析的文件目录，include 可以设置该预处理器只对哪些目录生效，这样可以减少不需要被预处理器处理的文件模块，从而提升构建速度。

例如，在使用 babel-loader 时，因打包的 node_modules 目录下的模块通常都已被编译为ES5版本的模块，不需要再使用babel-loader进行转码，故我们可以配置exclude将 node_modules 目录排除在 babel-loader 的处理范围外。

```
module.exports = {
  //...
  module: {
  rules: [
    {
      test: /\.js$/,
      exclude: /node_modules/,
```

```
        use: {
          loader: 'babel-loader',
        }
      }
    ]
  },
};
```

有时我们需要对某个预处理器同时配置 exclude 与 include，当 exclude 与 include 同时生效时，exclude 的优先级更高。

7.4.2 module.noParse

在我们进行前端开发时，有些模块不需要被任何预处理器解析，例如 jQuery 与 Lodash 这一类的工具库。通过配置 module.noParse 可以告诉 Webpack 这些模块不需要被解析处理，保留这些模块原始的样子即可。被忽略的模块中不应有 import 和 require 等任何模块导入语法，即这些被忽略的模块不能依赖于其他模块。需要注意的是，虽然 module.noParse 指定的模块不会被解析，但被使用的模块仍然会被打包到 bundle.js 里。

module.noParse 的取值可以是字符串、正则表达式和数组等。

```
module.exports = {
  //...
  module: {
    noParse: /jquery|lodash/,
  },
};
```

7.4.3 resolve.modules

resolve.modules 用于配置 Webpack 如何搜寻第三方模块的路径，该路径支持绝对路径和相对路径。其默认值是['node_modules']，这是一个相对路径，在默认情况下，当我们在代码里使用如下语法时，

```
import Vue from 'vue'
```

Webpack 首先会在当前目录./node_modules 下搜寻 vue 模块，如果没找到，则会到上级目录../node_modules 下搜寻 vue 模块，如果还没有找到，则会再去../../node_modules 下搜寻，以此类推，直到找到为止。这种相对路径的配置和 Node.js 查找模块的方式类似。

通常我们的第三方模块都保存在工程根目录 node_modules 下，因此无须一级一级向上搜寻模块。我们可以通过配置绝对路径来指定 Webpack 要搜寻的目录，这样在写错路径或模块不存在时，可以更快速地提示我们寻找模块出错，从而提高开发效率。如在下方的配置里，指明了在工程根目录 node_modules 下搜寻第三方模块。

```
module.exports = {
  //...
  resolve: {
    modules: [path.resolve(__dirname, 'node_modules')],
  },
};
```

7.4.4　resolve.extensions

resolve.extensions 用于 Webpack 匹配文件后缀名。在我们引入其他模块时，有时候没有写文件后缀名。

```
import { name } from './b';
```

更准确的写法应该如下。

```
import { name } from './b.js';
```

那么 Webpack 是如何识别'./b'就是'./b.js'的呢？

resolve.extensions 是 Webpack 识别不带后缀名文件的关键，Webpack 会尝试使用 resolve.extensions 指定的后缀名来解析文件。resolve.extensions 的值是一个数组，Webpack 会按数组元素从头到尾的顺序尝试解析，如果匹配到文件，则会使用该文件并跳过剩下后缀名的匹配。在 Webpack 5 中，其默认值如下。

```
['.js', '.json', '.wasm']
```

因此在解析 import { name } from './b'时，会首先寻找'./b.js'文件，如果找到就使用'./b.js'文件，并结束对'./b'的寻找；如果没有找到'./b.js'，则会尝试寻找'./b.json'文件，以此类推。

从上面的搜寻过程可以看出，如果 resolve.extensions 数组项数量越多并且靠前的后缀名没匹配到，那么 Webpack 尝试搜寻的次数就越多，这会影响 Webpack 的解析速度，因此需要合理配置 resolve.extensions。合理配置 resolve.extensions 有以下两个关键点。

1）出现频率高的后缀名放在数组前面，以便尽快结束匹配过程，通常会把'.js'放在第一项。

2）缩短数组长度，用不到的后缀名不要放到数组里。

另外，在我们写代码的过程中，模块导入语句中应尽量带上后缀名，这样可以避免匹配过程。

7.5 代码分割 optimization.splitChunks

7.5.1 代码分割

代码分割是 Webpack 优化中非常重要的一部分，Webpack 里主要有三种方法进行代码分割。

1）入口 entry：配置 entry 入口文件，从而手动分割代码。

2）动态加载：通过 import 等方法进行按需加载。

3）抽取公共代码：使用 splitChunks 等技术抽取公共代码。

本节会重点讲解使用 splitChunks 抽取公共代码的方法。我们先回顾一下使用前两种方法“入口 entry”和“动态加载”进行代码分割，这部分知识在之前章节中有过讲解，我们以一个例子来演示，配套代码示例是 webpack7-8。

新建 webpack7-8 目录，目录下主要有 webpack.config.js、a.js、b.js、index.html 和 package.json 这五个文件。

webpack.config.js 文件的内容如下。

```
var path = require('path');

module.exports = {
  entry: './a.js',
  output: {
    path: path.resolve(__dirname, ''),
    filename: 'bundle.js',
  },
  mode: 'none'
};
```

a.js 文件的内容如下。

```
import('./b.js');
```

b.js 文件的内容如下。

```
var year = 2022;
console.log(year);
```

index.html 文件的内容如下。

```
<!DOCTYPE html>
<html lang="en">
<head>
  <script src="bundle.js"></script>
</head>
<body>
  <h1>代码分割</h1>
```

```
</body>
</html>
```

安装 Webpack 和 webpack-cli 后，执行 npx webpack 命令完成打包。此时生成了 bundle.js 和 1.bundle.js 这两个文件，其中 bundle.js 在访问 index.html 时作为初始入口文件进行加载，在执行 bundle.js 时会动态加载文件 1.bundle.js。实现这个过程的关键是将 Webpack 配置项入口 entry 设置为'./a.js'，以及在 a.js 代码里使用 import('./b.js') 动态加载 b.js 文件。

对于我们开发的前端项目来说，有很多库不会经常变动，因此完全可以把它们提取出来放在一个入口里，这样这些不经常变动的库会单独生成一个打包后的 JS 文件，这有利于使用浏览器缓存。对于简单的项目，我们可以这样做，但对于复杂的项目，这样手动维护会给开发者带来额外的负担，这个时候就需要借助 splitChunks 技术了。

7.5.2 splitChunks

代码分割非常重要的一项技术是 splitChunks，splitChunks 指的是 Webpack 插件 SplitChunksPlugin，在 Webpack 的配置项 optimization.splitChunks 里直接配置即可，无须单独安装。splitChunks 是 Webpack 优化里非常重要的一部分，也是难以掌握的一部分。一方面它涉及需要配置的参数非常多，另一方面需要对 Web 性能优化比较熟悉。

在 Webpack 4 之前，Webpack 是通过 CommonsChunkPlugin 插件来抽取公共代码的，Webpack 4 之后使用的是 SplitChunksPlugin 插件，在 Webpack 5 中又对其进行了优化，接下来将详细说明 SplitChunksPlugin 插件在 Webpack 5 中的使用。

splitChunks 的配置参数非常多，下方的配置是该插件参数的默认值。

```
module.exports = {
  //...
  optimization: {
    splitChunks: {
```

```
      chunks: 'async',
      minSize: 20000,
      minRemainingSize: 0,
      minChunks: 1,
      maxAsyncRequests: 30,
      maxInitialRequests: 30,
      enforceSizeThreshold: 50000,
      cacheGroups: {
        defaultVendors: {
          test: /[\\/]node_modules[\\/]/,
          priority: -10,
          reuseExistingChunk: true,
        },
        default: {
          minChunks: 2,
          priority: -20,
          reuseExistingChunk: true,
        },
      },
    },
  },
};
```

splitChunks 的宗旨是通过一定的规则实现模块的自动提取，下面讲解几个比较重要的参数。

1）chunks：表示从什么类型的 chunks 里面提取代码，有三个字符串值 initial、async、all 可以使用，另外也可以使用函数来匹配要提取的 chunks。其默认值是 async，表示只从动态加载的 chunks 里提取代码。initial 表示只从入口 chunks 里提取代码，all 表示同时从异步 chunks 和入口 chunks 里提取代码。

2）minSize：表示提取出来的 chunk 的最小体积，其在 Webpack 5 中的默认值是 20 000，表示 20 kB，只有达到这个值时才会被提取。

3）maxSize：表示提取出来的 chunk 的最大体积，其默认值是 0，表示不限制最大体积。它是一个可以违反的值，在被违反时起提示作用。

4）minChunks：默认值是 1，表示拆分前至少被多少个 chunks 引用的模块才会被提取。

5）maxAsyncRequests：按需（异步）加载时的最大并行请求数，其在 Webpack 5 中的默认值是 30，在 Webpack 4 中的默认值是 5。

6）maxInitialRequests：入口点的最大并行请求数，其在 Webpack 5 中的默认值是 30，在 Webpack 4 中的默认值是 3。

7）cacheGroups：缓存组。

需要注意的是，上方的默认配置是插件自身的，当 Webpack 配置项 mode 取值为 development、production 与 none 这三种模式时也会有不同的值。

splitChunks 在提取模块时会综合考虑上述配置项的参数值，有时会遇到一些有冲突的地方。例如，设置 maxSize 的值是 50 000，那么当一个文件的大小超过了 50 kB 的时候，就会尝试二次拆分提取模块，如果文件不能二次拆分，就会忽略这个参数。如果二次拆分出来的文件体积小于 minSize 值，就也会忽略 maxSize 这个参数而终止二次拆分。

提取模块遇到有冲突的地方时，会有优先级的考虑，优先级从高到低依次是 minSize、maxSize 和 maxInitialRequest/maxAsyncRequest。

缓存组 cacheGroups 是一个非常重要的参数，缓存组可以继承或覆盖来自 splitChunks.*的任何配置，但它特有的 test、priority 和 reuseExistingChunk 只能在缓存组里进行配置。另外，我们可以将 cacheGroups.default 设置为 false，以禁用任何默认缓存组。

```
module.exports = {
  //...
  optimization: {
    splitChunks: {
```

```
      cacheGroups: {
        default: false,
      },
    },
  },
};
```

下面讲解缓存组中几个比较重要的参数。

1）priority：缓存组优先级。一个模块可以有多个缓存组，其 priority 越高越会优先考虑。默认组 priority 的默认值是负数，自定义组 priority 的默认值是 0。

2）reuseExistingChunk：是否重用 chunk。若当前 chunk 中包含从主 bundle 中拆分出的模块，则它将被重用，而不是生成新的模块，其默认值是 true。

3）test：匹配模块资源路径或 chunk 名称，其值可以是布尔值、正则表达式或字符串，若其值缺省则会选择所有模块。

缓存组默认有如下两个。

```
cacheGroups: {
  defaultVendors: {
    test: /[\\/]node_modules[\\/]/,
    priority: -10,
    reuseExistingChunk: true,
  },
  default: {
    minChunks: 2,
    priority: -20,
    reuseExistingChunk: true,
  },
}
```

defaultVendors 可以抽取 node_modules 目录下被使用到的模块，default 可以在全目录下抽取引用超过一次的模块。缓存组 defaultVendors 的优先级是-10，而缓存组 default 的优先级是-20，当 node_modules 下的模块被多次引用时，模块会被抽取到缓存组 defaultVendors 中。

7.5.3 splitChunks 示例讲解

1. 示例 1

在下面的例子里，我们使用工具库 Lodash 的_.random(0, 5)随机返回 0 和 5 之间的一个整数，配套代码示例是 webpack7-9。

```
npm i --save lodash@4.17.21
```

webpack.config.js 文件的内容如下。

```
var path = require('path');
var HtmlWebpackPlugin = require('html-webpack-plugin');

module.exports = {
  entry: './a.js',
  output: {
    path: path.resolve(__dirname, ''),
    filename: 'bundle-[contenthash:8].js',
  },
  mode: 'none',
  plugins:[
    new HtmlWebpackPlugin({
      title: 'Webpack 与 Babel 入门教程',
    }),
  ]
};
```

a.js 文件的内容如下。

```
import _ from 'lodash'
import { name } from './b.js';
var num = _.random(0, 5);
console.log(name);
console.log(num);
```

b.js 文件的内容如下。

```
export var name = 'Jack';
```

安装相应的npm包后执行npx webpack命令，会发现打包生成了一个资源文件bundle-5713e9fb.js。因为Webpack文件里mode使用的模式是none，并且默认只对按需加载的资源进行提取，所以并没有将同步加载的node_modules下的Lodash作为缓存组资源文件单独提取。另外，我们自定义的a.js和b.js等文件体积都很小，达不到minSize的最小体积要求，所以也不会单独提取。

2. 示例2

现在我们修改chunks参数为all，配套代码示例是webpack7-10。

webpack.config.js文件的内容如下。

```
var path = require('path');
var HtmlWebpackPlugin = require('html-webpack-plugin');

module.exports = {
  entry: './a.js',
  output: {
    path: path.resolve(__dirname, ''),
    filename: 'bundle-[contenthash:8].js',
  },
  mode: 'none',
  optimization: {
    splitChunks: {
      chunks: 'all'
    },
  },
  plugins:[
    new HtmlWebpackPlugin({
      title: 'Webpack与Babel入门教程',
    }),
  ]
};
```

执行npx webpack命令，打包生成了两个资源文件，一个是入口文件生成的文件，另一个是缓存组提取的文件，如图7-6所示。

```
asset bundle-3b4ac363.js 532 KiB [emitted] [immutable] (id hint: vendors)
asset bundle-2f620469.js 8.26 KiB [emitted] [immutable] (name: main)
asset index.html 306 bytes [emitted]
Entrypoint main 540 KiB = bundle-3b4ac363.js 532 KiB bundle-2f620469.js 8.26 KiB

runtime modules 3.76 KiB 7 modules
cacheable modules 532 KiB
  ./a.js 148 bytes [built] [code generated]
  ./node_modules/lodash/lodash.js 531 KiB [built] [code generated]
  ./b.js 25 bytes [built] [code generated]
webpack 5.21.2 compiled successfully in 397 ms
```

图 7-6 生成了两个资源文件

3. 示例 3

现在我们修改 b.js 文件，在它内部也引用 Lodash，并且 a.js 文件里通过按需加载的方式引入了 b.js 文件，配套代码示例是 webpack7-11。按照我们目前学到的知识推测，打包会生成三个资源文件，分别是入口文件、按需加载的文件和缓存组生成的文件。

b.js 文件的内容如下。

```
export var name = 'Jack';
import _ from 'lodash'
var numB = _.random(10, 15);
console.log(numB);
```

a.js 文件的内容如下。

```
import('./b.js');
import _ from 'lodash';
var num = _.random(0, 5);
console.log(num);
```

执行 npx webpack 命令打包后进行观察，如图 7-7 所示。

观察打包信息时发现，与我们推测的一样，生成了三个资源文件。需要注意的是，因为缓存组 defaultVendors 的优先级更高，所以即使 Lodash 被多次引用，模块也不会被提取到缓存组 default 里，而是被提取到 defaultVendors 里。

```
D:\mygit\webpack-babel\7\webpack7-11>npx webpack
asset bundle-3b4ac363.js 532 KiB [emitted] [immutable] (id hint: vendors)
asset bundle-3d139e7b.js 13.9 KiB [emitted] [immutable] (name: main)
asset 2.bundle-0b74c30a.js 747 bytes [emitted] [immutable]
asset index.html 306 bytes [emitted] [compared for emit]
Entrypoint main 545 KiB = bundle-3b4ac363.js 532 KiB bundle-3d139e7b.js 13.9 KiB

runtime modules 8.18 KiB 11 modules
cacheable modules 532 KiB
  ./a.js 94 bytes [built] [code generated]
  ./node_modules/lodash/lodash.js 531 KiB [built] [code generated]
  ./b.js 101 bytes [built] [code generated]
webpack 5.21.2 compiled successfully in 538 ms
```

图 7-7　打包后观察

4. 示例 4

我们再看一个新工程，用来观察更多的提取配置，观察被引用两次的非 node_modules 下的模块提取，配套代码示例是 webpack7-12。

webpack.config.js 文件的内容如下。

```
var path = require('path');
var HtmlWebpackPlugin = require('html-webpack-plugin');

module.exports = {
  entry: {
    app1: './a.js',
    app2: './c.js',
  },
  output: {
    path: path.resolve(__dirname, ''),
    filename: 'bundle-[contenthash:8].js',
  },
  mode: 'development',
  optimization: {
    splitChunks: {
      chunks: 'all',
      minSize: 0,
      maxSize: 2000,
    },
  },
  plugins:[
```

```
    new HtmlWebpackPlugin({
      title: 'Webpack与Babel入门教程',
    }),
  ]
};
```

a.js 文件的内容如下。

```
import { name } from './b.js';
import { year } from './d.js';
console.log(name);
console.log(year);
```

b.js 文件的内容如下。

```
import { year } from './d.js';
export var name = 'Jack';
console.log(numB);
console.log(year);
```

c.js 文件的内容如下。

```
import { year } from './d.js';
console.log(year);
```

d.js 文件的内容如下。

```
export var year = '2077';
```

因为 d.js 文件很小，为了达到最小提取体积的要求，我们设置 minSize 值为 0。

执行 npx webpack 命令后观察打包结果，如图 7-8 所示，可以看到生成了三个 JS 打包文件，两个是入口文件，一个是从默认缓存组 default 中提取的文件。因为 d.js 文件被两个 chunks 引用，所以它被作为缓存组单独提取了出来。

```
asset bundle-40571335.js 7.93 KiB [emitted] [immutable] (name: app1)
asset bundle-120ac35d.js 7.13 KiB [emitted] [immutable] (name: app2)
asset bundle-188d98ff.js 1.09 KiB [emitted] [immutable]
asset index.html 354 bytes [emitted] [compared for emit]
Entrypoint app1 9.02 KiB = bundle-188d98ff.js 1.09 KiB bundle-40571335.js 7.93 K
iB
Entrypoint app2 8.22 KiB = bundle-188d98ff.js 1.09 KiB bundle-120ac35d.js 7.13 K
iB
runtime modules 6.35 KiB 8 modules
cacheable modules 284 bytes
  ./a.js 108 bytes [built] [code generated]
  ./c.js 52 bytes [built] [code generated]
  ./b.js 99 bytes [built] [code generated]
  ./d.js 25 bytes [built] [code generated]
webpack 5.21.2 compiled successfully in 170 ms
```

图 7-8　观察打包结果

7.6　摇树优化 Tree Shaking

摇树优化 Tree Shaking 是 Webpack 里非常重要的优化措施，它的优化效果在 Webpack 5 中又得到了进一步的提升。

Tree Shaking 可以帮我们检测模块中没有用到的代码块，并在 Webpack 打包时将没有使用到的代码块移除，减小打包后的资源体积。它的名字也非常形象，通过摇晃树把树上干枯无用的叶子摇掉。

7.6.1　使用 Tree Shaking 的原因

我们来看一个例子，配套代码示例是 webpack7-13。

b.js 文件的内容如下。

```
var name = 'Jack';
var year = 2022;
export {name, year};
```

a.js 文件的内容如下。

```
import {name} from './b.js';
console.log(name);
```

webpack.config.js 文件的内容如下。

```
var path = require('path');

module.exports = {
  entry: './a.js',
  output: {
    path: path.resolve(__dirname, ''),
    filename: 'bundle.js'
  },
  mode: 'none'
};
```

执行 npx webpack 命令进行打包，打包完成后我们观察生成的 bundle.js 文件，如图 7-9 所示。我们发现变量 year 的值 2022 被打包到了最终代码里，但其实我们的代码 a.js 和 b.js 里并没有真正使用到该变量。这个时候就需要使用 Tree Shaking 来移除这部分代码。

```
1   /******/ (() => { // webpackBootstrap
2   /******/    "use strict";
3   /******/    var __webpack_modules__ = ([
4   /* 0 */,
5   /* 1 */
6   /***/ ((__unused_webpack_module, __webpack_exports__, __webpack_require__) => {
7
8   __webpack_require__.r(__webpack_exports__);
9   /* harmony export */ __webpack_require__.d(__webpack_exports__, {
10  /* harmony export */   "name": () => (/* binding */ name),
11  /* harmony export */   "year": () => (/* binding */ year)
12  /* harmony export */ });
13  var name = 'Jack';
14  var year = 2022;
```

图 7-9　生成的 bundle.js 文件

7.6.2　使用 Tree Shaking

使用 Tree Shaking 一共分两个步骤。

1）标注未使用的代码。

2）对未使用的代码进行删除。

我们修改配置文件 webpack.config.js，配套代码示例是 webpack7-14。

webpack.config.js 文件的内容如下。

```
var path = require('path');

module.exports = {
  entry: './a.js',
  output: {
    path: path.resolve(__dirname, ''),
    filename: 'bundle.js'
  },
  optimization: {
    usedExports: true,
  },
  mode: 'none'
};
```

重新执行 npx webpack 命令进行打包并观察打包生成的资源，可以看到对未使用到的变量 year 进行了标注，即在第 11 行中有注释“unused harmony export year”，如图 7-10 所示。

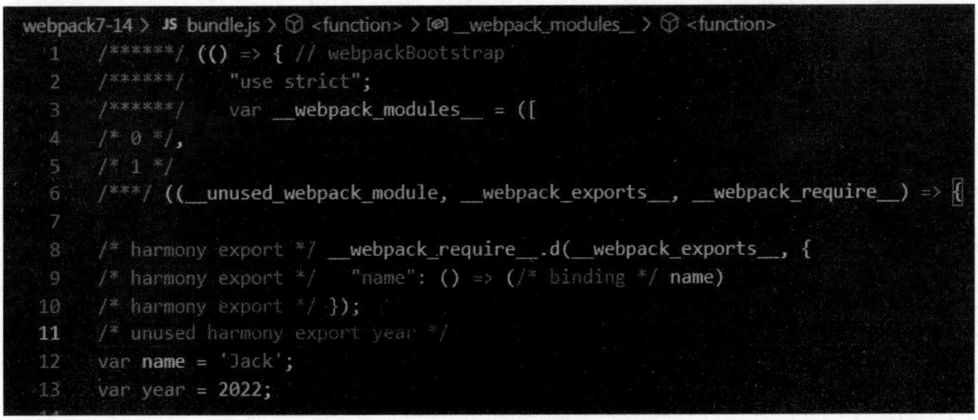

```
webpack7-14 > JS bundle.js > <function> > [@] __webpack_modules__ > <function>
1   /******/ (() => { // webpackBootstrap
2   /******/     "use strict";
3   /******/     var __webpack_modules__ = ([
4   /* 0 */,
5   /* 1 */
6   /***/ ((__unused_webpack_module, __webpack_exports__, __webpack_require__) => {
7
8   /* harmony export */ __webpack_require__.d(__webpack_exports__, {
9   /* harmony export */   "name": () => (/* binding */ name)
10  /* harmony export */ });
11  /* unused harmony export year */
12  var name = 'Jack';
13  var year = 2022;
```

图 7-10　对未使用到的变量进行标注

进行标注后，若需要对未使用的代码进行删除，使用 Webpack 5 自带的 TerserPlugin 即可完成该操作。

接下来，我们使用 TerserPlugin 来删除未使用的代码，配套代码示例是 webpack7-15。

webpack.config.js 文件的内容如下。

```
var path = require('path');
var TerserPlugin = require("terser-webpack-plugin");

module.exports = {
  entry: './a.js',
  output: {
    path: path.resolve(__dirname, ''),
    filename: 'bundle.js'
  },
  optimization: {
    usedExports: true,
    minimize: true,
    minimizer: [new TerserPlugin()],
  },
  mode: 'none'
};
```

执行 npx webpack 命令进行打包并观察打包结果发现，bundle.js 文件里的代码被压缩成一行，我们分别搜索代码里的 year 和 2022，已经无法找到，说明它们在被 Tree Shaking 标注后被删除了。

7.6.3 生产环境的优化配置

通常我们在本地开发环境下不会使用 Tree Shaking，因为它会降低构建速度并且没有太大意义。我们需要在生产环境打包时开启 Tree Shaking，生产环境下我们只需要配置参数项 mode 为 production，即可自动开启 Tree Shaking。

开启了 Tree Shaking 后，Webpack 会在打包时删除大部分没有使用到的代码，但有一些代码没有被其他模块导入使用，如 polyfill.js，它主要用来扩展全局变量，这类代码是有副作用的代码，我们需要告诉 Webpack 在 Tree Shaking 时不能删除它们。

要告诉 Webpack 在 Tree Shaking 时不能删除某些文件，可以在 package.json 文件里使用 sideEffects 配置，示例代码如下。

```
{
    "sideEffects": [
        "./polyfill.js"
    ]
}
```

7.6.4 Webpack 5 中对 Tree Shaking 的改进

在 Webpack 4 及之前的版本中，Tree Shaking 对嵌套的导出模块未使用代码无法很好地进行 Tree Shaking，往往需要借助 webpack-deep-scope-plugin 这一类的插件进行深层次的 Tree Shaking。Webpack 5 对此做出了改进，能够对嵌套属性进行 Tree Shaking。

我们先观察一个使用 Webpack 4 打包的例子，配套代码示例是 webpack7-16。

a.js 文件的内容如下。

```
import * as person from './b.js';
export {person};
```

b.js 文件的内容如下。

```
var name = 'Jack';
var year = 2022;
export {name, year};
```

index.js 文件的内容如下。

```
import * as moduleA from './a.js';
console.log(moduleA.person.name);
```

webpack.config.js 文件的内容如下。

```
var path = require('path');

module.exports = {
  entry: './index.js',
  output: {
    path: path.resolve(__dirname, ''),
    filename: 'bundle.js'
  },
  mode: 'production'
};
```

我们使用 Webpack 4 进行打包，安装 Webpack 4 的命令如下。

```
npm install --save-dev webpack@4.43.0  webpack-cli@3.3.12
```

现在执行 npx webpack 命令打包，因为 b.js 文件里的变量 year 最终没有使用到，按道理打包后通过 Tree Shaking 该变量会被删除，但我们观察打包后的资源文件 bundle.js，如图 7-11 所示，发现 Webpack 4 打包后的代码里仍然有 year 和 2022，这就是 Webpack 4 里 Tree Shaking 不足的地方。

```
JS bundle.js > ...
1  ı,"year",(function(){return u}));var o="Jack",u=2022;console.log(n.na
2
```

图 7-11　Webpack 4 打包后的文件

现在换成用 Webpack 5 打包，配套代码示例是 webpack7-17。

打包后生成的 bundle.js 代码如图 7-12 所示，我们发现未使用的 year 和 2022 顺利被删除了，另外也可以看到 Webpack 5 打包后的文件非常简捷。

```
JS bundle.js
1   (()=>{"use strict";console.log("Jack")})();
```

图 7-12　Webpack 5 打包后的文件

7.7 使用缓存

7.7.1 Webpack 中的缓存

在使用 Webpack 开发前端工程时，涉及的缓存主要有两类：一类是访问 Web 页面时的浏览器缓存，我们称其为长期缓存；另一类是 Webpack 构建过程中的缓存，我们称其为持久化缓存或编译缓存。长期缓存是为了提升用户体验而设计的，相关知识在第 2 章中进行过讲解，另外 Webpack 5 自身也对其进行了优化。持久化缓存的出现是为了提升 Webpack 构建速度进而提升开发者的开发体验，本节主要讲解持久化缓存。

在 Webpack 5 之前的版本里，Webpack 自身没有提供持久化缓存，我们在开发时经常需要使用 cache-loader 或 dll 动态链接技术来做缓存方面的处理，这无疑提高了我们的学习成本和 Webpack 配置的复杂度。Webpack 5 提供了持久化缓存，它通过使用文件系统缓存，极大地减少了再次编译的时间。

如表 7-1 所示是同一工程在开启文件系统缓存前后打包时间的对比，对比的配套代码示例分别是 webpack7-18 与 webpack7-19，在安装 npm 包后多次执行 npx webpack 命令进行打包，并记录打包完成所消耗的时间。读者自己在记录打包时间消耗时应记录如图 7-13 所示白色箭头指示的数字。

表 7-1 生产环境缓存对比

文件系统缓存	第 1 次	第 2 次	第 3 次	第 4 次
未开启	296 ms	266 ms	265 ms	281 ms
已开启	297 ms	140 ms	156 ms	140 ms

```
assets by status 7.38 KiB [cached] 3 assets
asset index.html 350 bytes [compared for emit]
Entrypoint app1 7.07 KiB = app1-e0fce153.css 3.78 KiB a0449739-app1.js 3.29 KiB
Entrypoint app2 321 bytes = 50df8a17-app2.js
runtime modules 670 bytes 3 modules
cacheable modules 411 bytes
  ./a.js 69 bytes [built] [code generated]
  ./d.js 267 bytes [built] [code generated]
  ./b.js 25 bytes [built] [code generated]
  ./c.css 50 bytes [built] [code generated]
css ./node_modules/css-loader/dist/cjs.js!./c.css 3.78 KiB [code generated]
webpack 5.21.2 compiled successfully in 281 ms
```

图 7-13　记录打包时间消耗

可以看到，在使用了文件系统缓存后，再次构建的时间消耗明显减少，在大型前端工程中效果尤为明显。

7.7.2　文件系统缓存的使用

在 Webpack 5 中，使用文件系统缓存是非常容易的，我们只需要在 Webpack 的配置文件中增加如下配置即可。

```
module.exports = {
  //...
  cache: {
    type: 'filesystem',
  },
};
```

配置项 cache 用于对 Webpack 进行缓存配置，当把 cache.type 设置为 filesystem 时就开启了文件系统缓存。也可以将 cache.type 设置为 memory，表示会将打包生成的资源存放于内存中。

cache 的值除对象类型外还支持布尔值。在开发模式下，cache 的默认值是 true，这与将 cache.type 设置为 memory 的效果是一致的。在生产模式下，cache 的默认值是 false，会禁用缓存。

上面的对比示例比较了生产环境下的缓存消耗时间，那么在通过 webpack-dev-server 开启一个开发服务的环境后，文件系统缓存是否也会减少打包时间呢？

我们再做一组对比，配套代码示例分别是 webpack7-20 与 webpack7-21。

我们在只修改 b.js 文件里变量 name 的值并保存的这种情况下做对比，对比数据如表 7-2 所示。

b.js 文件的内容如下。

```
export var name = 'Jack5';
```

表 7-2　开发环境缓存对比

文件系统缓存	第 1 次	第 2 次	第 3 次	第 4 次
未开启	693 ms	189 ms	165 ms	152 ms
已开启	796 ms	28 ms	29 ms	28 ms

可以看到差距非常明显，文件系统缓存的使用极大地减少了再次编译所消耗的时间。使用 Webpack 5 打包前端工程时，合理使用文件系统缓存会提升前端开发速度。

7.8　本章小结

在本章中，我们讲解了 Webpack 性能优化的知识。

首先介绍了两个性能监控工具，分别是用来监控打包体积大小的 webpack-bundle-analyzer 插件和监控打包时间的 speed-measure-webpack-plugin 插件，它们会给我们的优化效果提供数字化指标。

接下来，通过介绍资源压缩、缩小查找范围、代码分割、摇树优化和使用缓存等优化技术，可以掌握 Webpack 5 中最常用的优化方法，提升前端开发的速度和质量。

第 8 章

Webpack 原理与拓展

本章主要讲解 Webpack 的原理与扩展，目的是掌握 Webpack 的构建原理，以及预处理器和插件的开发。

本章首先会对 Webpack 打包文件进行分析并讲解 Webpack 的根基 tapable。然后会对 Webpack 打包流程与源码进行初探。最后会通过案例讲解 Webpack 预处理器和插件的开发。

8.1 Webpack 构建原理

本节介绍 Webpack 构建原理，主要包含三部分内容：

1）Webpack 打包文件分析。

2）Webpack 的根基 tapable。

3）Webpack 打包流程与源码初探。

在 8.1.1 节，我们会对一个依赖于其他模块的文件进行打包后的资源分析。该文件代码共 82 行，代码量较少，适合初学者研究。通过对该文件进行分析，可帮助读者厘清 Webpack 构建的基本思想。

在分析了打包文件后，我们将探究 Webpack 是如何自动完成这一系列的构建过程的。在探究 Webpack 的构建过程之前，我们需要先了解 Webpack 的根基 tapable，Webpack 的构建是基于 tapable 完成的。

在本节最后，我们会对整个 Webpack 的构建过程进行介绍，并对 Webpack 5 的源码进行初步分析。

8.1.1 Webpack 打包文件分析

本节要打包的代码目录及 Webpack 配置文件如图 8-1 所示，配套代码示例是 webpack8-1。

```
EXPLORER
WEBPACK8-1
  a.js
  b.js
  index.html
  package.json
  webpack.config.js
```

```
var path = require('path');

module.exports = {
  entry: './a.js',
  output: {
    path: path.resolve(__dirname, ''),
    filename: 'bundle.js'
  },
  mode: 'none'
};
```

图 8-1　代码目录及配置文件

可以看到打包入口文件是 a.js，其内容如下。

```
import { year } from './b.js';
console.log(year);
```

a.js 文件引入了 b.js 文件对外输出的 year 后进行了打印，b.js 文件内容如下。

```
export var year = 2022;
```

整体需要打包的就是上述的两个文件，接下来安装 Webpack 与 webpack-cli 后执行 npx webpack 命令进行打包。

```
npm install --save-dev webpack@5.21.2  webpack-cli@4.5.0
```

下面是打包生成的 bundle.js 文件代码，为了方便阅读，对行号进行了标注。若行数是 5 的倍数，在注释里包裹了行号。

```
/*1*****/ (() => { // webpackBootstrap
/******/  "use strict";
/******/  var __webpack_modules__ = ([
/* 0 */
/*5*/((__unused_webpack_module, __webpack_exports__,
__webpack_require__) => {

__webpack_require__.r(__webpack_exports__);
/* harmony import */ var _b_js__WEBPACK_IMPORTED_MODULE_0__ =
__webpack_require__(1);

/*10*/console.log(_b_js__WEBPACK_IMPORTED_MODULE_0__.year);

/***/ }),
/* 1 */
/***/ ((__unused_webpack_module, __webpack_exports__,
__webpack_require__) => {
/*15*/
__webpack_require__.r(__webpack_exports__);
/* harmony export */ __webpack_require__.d(__webpack_exports__, {
/* harmony export */   "year": () => (/* binding */ year)
/* harmony export */ });
/*20*/var year = 2022;

/***/ })
/******/ ]);
/************************************************************************/
/*25*/ // The module cache
/******/  var __webpack_module_cache__ = {};
/******/
/******/  // The require function
/******/  function __webpack_require__(moduleId) {
/*30*/  // Check if module is in cache
/******/    if(__webpack_module_cache__[moduleId]) {
/******/      return __webpack_module_cache__[moduleId].exports;
/******/    }
```

```
/******/    // Create a new module (and put it into the cache)
/*35*/    var module = __webpack_module_cache__[moduleId] = {
/******/      // no module.id needed
/******/      // no module.loaded needed
/******/      exports: {}
/******/    };
/*40*/
/******/    // Execute the module function
/******/    __webpack_modules__[moduleId](module, module.exports,
__webpack_require__);
/******/
/******/    // Return the exports of the module
/*45*/  return module.exports;
/******/  }
/******/
/************************************************************************/
/******/  /* webpack/runtime/define property getters */
/*50*/ (() => {
/******/    // define getter functions for harmony exports
/******/    __webpack_require__.d = (exports, definition) => {
/******/      for(var key in definition) {
/******/        if(__webpack_require__.o(definition, key)
&& !__webpack_require__.o(exports, key)) {
/*55*/        Object.defineProperty(exports, key, { enumerable: true,
get: definition[key] });
/******/        }
/******/      }
/******/    };
/******/  })();
/*60*/
/******/  /* webpack/runtime/hasOwnProperty shorthand */
/******/  (() => {
/******/    __webpack_require__.o = (obj, prop) =>
(Object.prototype.hasOwnProperty.call(obj, prop))
/******/  })();
/*65*/
/******/  /* webpack/runtime/make namespace object */
/******/  (() => {
/******/    // define __esModule on exports
/******/    __webpack_require__.r = (exports) => {
/*70*/    if(typeof Symbol !== 'undefined' && Symbol.toStringTag) {
```

```
/******/        Object.defineProperty(exports, Symbol.toStringTag,
{ value: 'Module' });
/******/      }
/******/      Object.defineProperty(exports, '__esModule', { value:
true });
/******/    };
/*75*/ })();
/******/
/************************************************************************/
/******/ // startup
/******/ // Load entry module
/*80*/ __webpack_require__(0);
/******/ // This entry module used 'exports' so it can't be inlined
/******/ })()
;
```

我们首先从整体上分析打包生成的代码，代码从第 1 行到最后一行是一个用圆括号括起来的立即执行函数。

我们先学习立即执行函数的概念。下面是一个最简单的立即执行函数，运行该代码时，该函数会立即执行函数体里的内容，弹出对话框提示“您好”。

```
(() => {
  alert('您好');
})()
```

使用立即执行函数的好处是可以防止变量污染全局作用域。

接着分析打包后的代码，我们执行生成的 bundle.js 文件代码时，最外层的立即执行函数会首先执行，然后会执行函数体里的代码。我们接下来看一下该函数体里面的内容。

1）第 3~23 行，声明了一个变量__webpack_modules__，它是一个数组。

2）第 26~46 行，分别声明了一个变量__webpack_module_cache__和一个函数__webpack_require__。

3）第 50~75 行，分别是三个立即执行函数。

4）第 80 行，调用__webpack_require__(0)。

这里有一个额外的知识点需要注意，对象的属性值如果是立即执行函数，那么该属性值是会执行的，示例代码如下。

```
var obj = {
  name: (function () {
    console.log('demo');
    return 'Jack';
  })()
}
```

浏览器在读完上述示例代码的时候，是会在控制台打印出 demo 的，并且 obj 的值是{name: 'Jack'}。

我们再回到上面打包生成的 bundle.js 文件代码，从第 3 行开始看代码，首先声明了一个数组变量__webpack_modules__，该数组里有两个数组项，第一项是第 5~12 行，第二项是第 14~22 行。这两个数组项分别定义了一个匿名的箭头函数，因为此时函数没有被调用，所以不会执行，它会在后面被调用。

我们接着从第 26 行看代码，第 26 行声明了一个变量__webpack_module_cache__，它的值是一个空对象{}，该变量是用来进行缓存的，后面会有讲解。

第 29 行声明了一个函数__webpack_require__，该函数目前没有被调用，所以不会执行。

第 50~75 行，分别是三个立即执行函数，这三个函数会依次执行。我们先看第一个函数。

```
/******/  /* webpack/runtime/define property getters */
/*50*/ (() => {
/******/    // define getter functions for harmony exports
/******/    __webpack_require__.d = (exports, definition) => {
```

```
    /******/       for(var key in definition) {
    /******/        if(__webpack_require__.o(definition, key)
&& !__webpack_require__.o(exports, key)) {
    /*55*/         Object.defineProperty(exports, key, { enumerable: true,
get: definition[key] });
    /******/        }
    /******/       }
    /******/     };
    /******/  })();
```

该函数给__webpack_require__增加了一个属性 d，__webpack_require__是我们在第 29 行声明的变量，这个变量是一个函数。因为函数也是对象，所以这里给函数__webpack_require__新增了一个属性 d。该属性 d 的值是一个箭头函数，该函数接收两个参数，该函数里使用到了__webpack_require__.o 方法，我们先略过对该函数体内代码的解读。

我们接着看第 61~65 行的立即执行函数。

```
    /******/  /* webpack/runtime/hasOwnProperty shorthand */
    /******/  (() => {
    /******/    __webpack_require__.o = (obj, prop) =>
(Object.prototype.hasOwnProperty.call(obj, prop))
    /******/  })();
```

该立即执行函数执行后，给__webpack_require__新增了一个属性 o，该属性的值是一个函数，该函数的作用是判断 prop 是否是对象 obj 的属性，并且该属性是 obj 自有的而不是继承来的属性。

这样我们就理解了上面__webpack_require__.d 这个函数的含义。该函数通过一个 for…in 循环遍历对象 definition 中的每一个属性 key，如果该属性 key 是 definition 自有的，并且对象 exports 没有该属性 key，我们就通过访问器函数 Object.defineProperty 把键值对赋给（通过 get）对象 exports。现在我们还不知道这个__webpack_require__.d 有何用途，我们接着看下面的代码。

第 66~75 行的内容如下。

```
/******/ /* webpack/runtime/make namespace object */
/******/ (() => {
/******/   // define __esModule on exports
/******/   __webpack_require__.r = (exports) => {
/*70*/   if(typeof Symbol !== 'undefined' && Symbol.toStringTag) {
/******/     Object.defineProperty(exports, Symbol.toStringTag,
{ value: 'Module' });
/******/     }
/******/     Object.defineProperty(exports, '__esModule', { value:
true });
/******/   };
/*75*/ })();
```

该函数执行后，给函数__webpack_require__新增了属性 r，该属性的值是一个函数，它通过 Object.defineProperty 给 exports 的__esModule 和 Symbol.toStringTag 进行了赋值。

在最后的代码中，我们查看注释大概可以想到其作用。

```
/******/ // startup
/******/ // Load entry module
/*80*/ __webpack_require__(0);
```

该代码起到了启动作用，会加载入口模块。这里通过调用__webpack_require__函数，并传参 0 进行调用。

函数__webpack_require__是在第 29 行声明的，我们把参数 0 传入并观察其函数体。

形参 moduleId 是用来表示模块 ID 的，函数体首先进行了一个判断，判断对象__webpack_module_cache__是否有该模块，如果有就直接返回该模块的 exports 属性值，不再执行后续代码逻辑。因为我们是初次执行该函数，所以__webpack_module_cache__没有该模块，我们接着执行后续代码逻辑。

给__webpack_module_cache__增加属性[moduleId]，这里的 moduleId 值是 0，该属性值是如下对象。

```
{exports: {}}
```

同时，把该属性值赋给变量 module。

接下来的代码是 __webpack_modules__[moduleId](module, module.exports, __webpack_require__)，它是一个函数调用，调用了函数__webpack_modules__[0]。__webpack_modules__是整段代码最开始的那个数组，该数组每一项都是一个函数，这里调用了数组里的第一个函数。

我们观察这个函数，它会接收三个参数__unused_webpack_module、__webpack_exports__和__webpack_require__。

该函数体里调用了__webpack_require__(1)函数，我们继续在第 29 行将 1 作为参数传给函数__webpack_require__()，接下来还是会调用__webpack_modules__[moduleId](module, module.exports, __webpack_require__)，回到整段代码最开始的数组第二项，执行第二个函数。

在第二个函数里执行了__webpack_require__.d()函数，然后经过几步操作，把 year 变量赋值给_b_js__WEBPACK_IMPORTED_MODULE_0__的 year 属性，最后顺利打印出 2022。最后的这几步操作通过在代码里打断点运行将更容易理解。

8.1.2 tapable

Webpack 是建立于插件系统之上的事件流工作系统，而插件系统是基于 tapable 实现的。tapable 通过观察者模式实现了事件的监听与触发，这和 Node.js 里的 EventEmitter 事件对象很像，但 tapable 更适合 Webpack 使用。

tapable 的 npm 包对外提供了许多 Hook（钩子）类，这些 Hook 类可以用来生成 Hook 实例对象。

```
const {
  SyncHook,
  SyncBailHook,
  SyncWaterfallHook,
  SyncLoopHook,
  AsyncParallelHook,
  AsyncParallelBailHook,
  AsyncSeriesHook,
  AsyncSeriesBailHook,
  AsyncSeriesLoopHook,
  AsyncSeriesWaterfallHook
} = require("tapable");
```

tapable 主要提供了上面所示的十大 Hook 类及三种实例方法：tap、tapAsync 和 tapPromise。

我们通过几个例子来学习 tapable。首先学习第一个例子，学会 tapable 的基本使用方法，这个例子给 Hook 实例注册同步方法，配套代码示例是 webpack8-2。

新建项目目录 webpack8-2，然后在目录下执行下面的命令安装 tapable。

```
npm install tapable@2.2.0
```

现在在目录里新建一个 index.js 文件，在里面输入如下代码。

```
var { SyncHook } = require('tapable');
var hook1 = new SyncHook(['str']);

hook1.tap('tap1', function (arg) {
  console.log(arg);
});

hook1.call('我是调用参数');
```

在命令行里执行 node index.js 命令来执行该 JS 脚本，观察到命令行控制台输出如图 8-2 所示。

```
D:\mygit\webpack-babel\8\webpack8-2>node index.js
我是调用参数
```

图 8-2　命令行控制台输出

下面对这段代码进行解释。首行代码引入了 tapable 模块的 SyncHook 类，其等同于 ES5 中的构造函数。接下来，我们用 new SyncHook(['str'])生成一个实例对象，取变量名为 hook1。

作为 Hook 实例对象，hook1 有 tap 方法，它接收两个参数。第一个参数是字符串或 tap 类型的对象，例子里用的是字符串，表示执行器的名称。第二个参数是一个函数，这个函数会在触发 hook1 调用的时候执行。

代码最后通过 hook1.call 触发了 hook1 上注册的函数，将触发时传入的参数作为 tap 方法回调函数的参数传入，因此控制台上输出了“我是调用参数”。

在生成 SyncHook 实例对象的时候，数组里的参数是用来表示实例注册回调需要的参数数量，如果在调用时传入的参数比生成新实例时的多，多出的参数并不会生效。

我们在目录下新建 index2.js 文件，内容如下。

```
var { SyncHook } = require('tapable');
var hook2 = new SyncHook(['str']);

hook2.tap('tap1', function (arg1, arg2) {
  console.log(arg1);
  console.log(arg2);
});

hook2.call('我是调用参数 1', '我是调用参数 2');
```

在命令行里执行 node index2.js 命令来执行该 JS 脚本，输出的结果是“我是调用参数 1 undefined”。

同步钩子 SyncHook 类的实例支持注册多个回调函数，它们在被调用时会依次执行。

我们在目录下新建 index3.js 文件，内容如下。

```
var { SyncHook } = require('tapable');
var hook2 = new SyncHook(['str']);

hook2.tap('tap1', function (arg) {
  console.log(arg + 1);
});

hook2.tap('tap2', function (arg) {
  console.log(arg +2);
});

hook2.call('参数');
```

在命令行里执行 node index3.js 命令来执行该 JS 脚本，输出的结果是“参数 1 参数 2”。

SyncHook、SyncBailHook、SyncWaterfallHook 和 SyncLoopHook 这四个以 Sync 开头的类，表示的都是同步钩子类，它们的实例对象必须使用 tap 来注册函数。AsyncParallelHook、AsyncParallelBailHook、AsyncSeriesHook、AsyncSeriesBailHook、AsyncSeriesLoopHook 和 AsyncSeriesWaterfallHook 这六个以 Async 开头的类，表示的都是异步钩子类，它们的实例对象既可以使用 tap 来注册函数，也可以使用 tapAsync 和 tapPromise 来注册函数。通过这些更精细的钩子类和方法，可以为 Webpack 提供良好的事件流工作机制。

8.1.3　Webpack 打包流程与源码初探

如图 8-3 所示是一个简单的 Webpack 打包流程图。

当我们在命令行里执行 npx webpack 打包命令时，首先会初始化编译参数，这些参数包括 Shell 命令的参数和 Webpack 配置文件中的参数。接下来，通过 webpack-cli

生成 Compiler 编译实例，之后经过插件和模块处理后把打包的资源输出。Compiler 是一个 JS 对象，包含了当前打包环境下的所有配置信息，会在 8.3 节进行讲解。

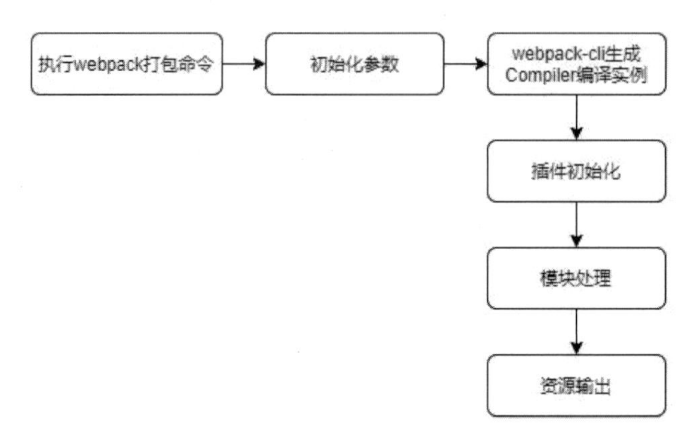

图 8-3　Webpack 打包流程图

下面对 Webpack 的源码进行初步探索，讲解源码的几个关键点，配套代码示例是 webpack8-3。

新建工程目录 webpack8-3，在该目录下直接安装 Webpack 和 webpack-cli，确保安装的版本是指定的 Webpack@5.21.2 和 webpack-cli@4.5.0，安装后进入 node_modules 文件夹寻找 webpack 目录。

当我们在命令行里执行 webpack 打包命令的时候，会找到 node_modules/webpack/bin/webpack.js 并对该文件进行 Node.js 调用。该文件的整体结构如图 8-4 所示。

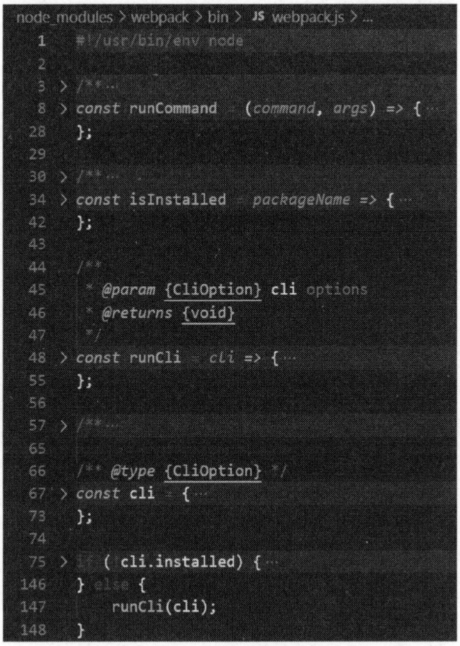

```
node_modules > webpack > bin > JS webpack.js > ...
1    #!/usr/bin/env node
2
3  > /**...
8  > const runCommand = (command, args) => {...
28   };
29
30 > /**...
34 > const isInstalled = packageName => {...
42   };
43
44   /**
45    * @param {CliOption} cli options
46    * @returns {void}
47    */
48 > const runCli = cli => {...
55   };
56
57 > /**...
65
66   /** @type {CliOption} */
67 > const cli = {...
73   };
74
75 > if ( cli.installed) {...
146  } else {
147      runCli(cli);
148  }
```

图 8-4　文件整体结构

我们将该文件的代码进行折叠以方便阅读。该文件第 75 行之前的代码声明了一些变量，在第 75 行进行一个判断，判断是否安装了 webpack-cli。如果安装了，就执行 runCli(cli)函数；如果没有安装，则命令行窗口提示如图 8-5 所示，根据提示进行安装，安装完成后也会执行 runCli(cli)函数。

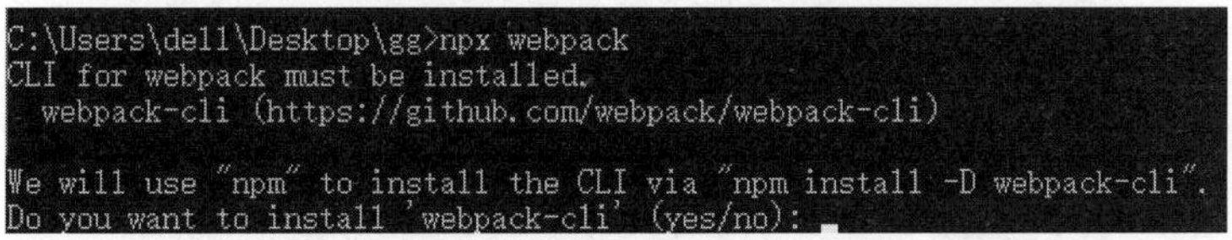

```
C:\Users\dell\Desktop\gg>npx webpack
CLI for webpack must be installed.
  webpack-cli (https://github.com/webpack/webpack-cli)

We will use "npm" to install the CLI via "npm install -D webpack-cli".
Do you want to install 'webpack-cli' (yes/no):
```

图 8-5　命令行窗口提示

接下来让我们看下 runCli(cli)函数。该函数是在第 48 行定义的。

```
const runCli = cli => {
  const path = require("path");
  const pkgPath = require.resolve(`${cli.package}/package.json`);
  // eslint-disable-next-line node/no-missing-require
  const pkg = require(pkgPath);
```

```
    // eslint-disable-next-line node/no-missing-require
    require(path.resolve(path.dirname(pkgPath),
pkg.bin[cli.binName]));
  };
```

该函数内的第 3 行会寻找 cli.package 这个属性值，cli 是我们传入的参数，它在第 67 行进行定义。

```
  const cli = {
    name: "webpack-cli",
    package: "webpack-cli",
    binName: "webpack-cli",
    installed: isInstalled("webpack-cli"),
    url: "https://******.com/webpack/webpack-cli（见链接 8）"
  };
```

可以看到 cli.package 的值就是 webpack-cli，webpack-cli 包的 bin 是在 webpack-cli 的 package.json 中定义的，其值是"webpack-cli": "bin/cli.js"。结合这两块代码来看，runCli(cli)就是执行了 webpack-cli 这个 npm 包的 bin/cli.js 文件。接下来我们看一下该文件，如图 8-6 所示。

```
node_modules > webpack-cli > bin > JS cli.js > ...
1  #!/usr/bin/env node
2
3  'use strict';
4
5  const Module = require('module');
6
7  const originalModuleCompile = Module.prototype._compile;
8
9  require('v8-compile-cache');
10
11 const importLocal = require('import-local');
12 const runCLI = require('../lib/bootstrap');
13 const utils = require('../lib/utils');
14
15 // Prefer the local installation of `webpack-cli`
16 if (importLocal(__filename)) {…
18 }
19
20 process.title = 'webpack';
21
22 if (utils.packageExists('webpack')) {
23   runCLI(process.argv, originalModuleCompile);
24 } else {…
40 }
```

图 8-6　bin/cli.js 文件

该文件的核心是调用第 23 行的 runCLI(process.argv, originalModuleCompile)函数。runCLI 函数是第 12 行的'../lib/bootstrap'模块。我们接着观察该模块文件，如图 8-7 所示。

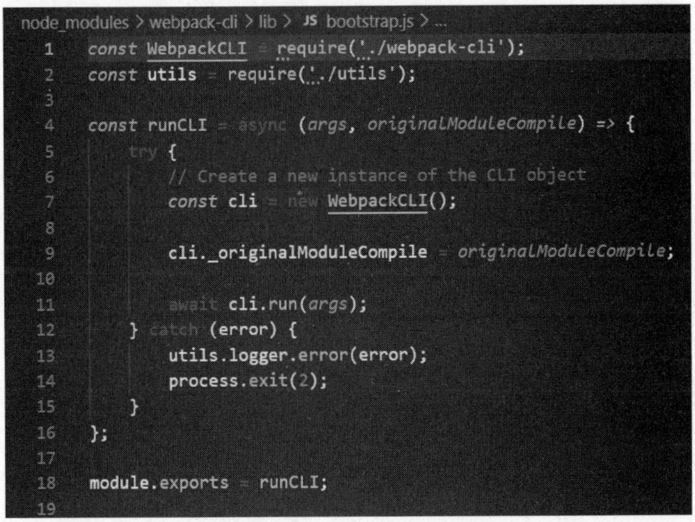

```
node_modules > webpack-cli > lib > JS bootstrap.js > ...
1   const WebpackCLI = require('./webpack-cli');
2   const utils = require('./utils');
3
4   const runCLI = async (args, originalModuleCompile) => {
5       try {
6           // Create a new instance of the CLI object
7           const cli = new WebpackCLI();
8
9           cli._originalModuleCompile = originalModuleCompile;
10
11          await cli.run(args);
12      } catch (error) {
13          utils.logger.error(error);
14          process.exit(2);
15      }
16  };
17
18  module.exports = runCLI;
19
```

图 8-7 lib/bootstrap.js 模块文件

该模块的核心是第 11 行的 await cli.run(args)，cli 对象是第 7 行 const cli = new WebpackCLI()生成的一个 WebpackCLI 实例，而 WebpackCLI 这个类是第 1 行引入的'./webpack-cli'模块。

webpack-cli.js 文件是一个比较复杂的模块，本书就不再展开讲解了。想完整研究源码的读者可以将上述调用流程的关键点搞清楚后自行探究。

8.2 Webpack 预处理器开发

本书在第 3 章详细讲解了预处理器的使用，在本节我们将尝试自己开发预处理器。

8.2.1 基础预处理器开发

我们从一个简单的预处理器开发入手，学习自定义预处理器的基本流程，配套代码示例是 webpack8-4。

假设有一个扩展名是.hi 的文件，该文件的内容是 UTF-8 编码的数字文本，如 3562。现在需要我们读取该文件里的数字，并把数字分割后相乘的结果输出到浏览器控制台上。

例如，nums.hi 文件里面的内容是 333（为简单起见，我们假定.hi 文件里的字符是数字且不超过 10 位），我们开发的预处理器处理后返回 27（3×3×3 的结果）。

下面是我们开发的预处理器，该预处理器文件名称是 math-loader.js，我们稍后解释其代码的含义。

```
module.exports = function (src) {
  var result = '';
  if (src) {
    var nums = src.split('');
    result = 1;
    var length = nums.length;
    for (var i = 0; i < length; i++) {
      result *= nums[i];
    }
  }
  return `module.exports = '${result}'`;
}
```

需要预处理器处理的文件是 nums.hi，里面的内容是 333。从前面章节学过的知识可以知道，一个文件若想要被预处理器处理，需要有相应的文件来使用该文件，这里我们就直接使用入口文件来使用 nums.hi 文件。

a.js 文件的内容如下。

```
import num from './nums.hi';
console.log(num);
```

webpack.config.js 文件的内容如下。

```
var path = require('path');

module.exports = {
  entry: './a.js',
  output: {
    path: path.resolve(__dirname, ''),
    filename: 'bundle.js'
  },
  module: {
    rules: [{
      test: /\.hi$/,
      use: ['./math-loader.js']
    }]
  },
  mode: 'none'
};
```

注意看 module.rules 的配置，我们对以.hi 结尾的文件使用工程根目录的 math-loader.js 这个预处理器来解析，下面让我们来看一下这个预处理器的代码。

预处理器本质上是一个会对外导出函数的 Node.js 模块，我们使用 module.exports 来导出一个函数，当 Webpack 调用该预处理器解析相应的资源时会调用这个函数。

```
module.exports = function (src) {
}
```

导出的函数会接收 Webpack 传递的参数，其第一个参数是资源的内容，链式调用的初始预处理器只会有这一个参数。上面例子的预处理器的参数用 src 表示，其值是文件 nums.hi 的内容 333，Webpack 会将初始传递的参数内容转换成字符串。

接下来就是常规的 JS 逻辑，先判断 src 是否是真值，是的话就将其做分割后相乘，将结果存放于变量 result 里。

我们重点看最后一行代码。

```
  return `module.exports = '${result}'`;
```

Webpack 在使用链式预处理器的最后一个预处理器做处理的时候，其处理结果应该为 JS 可解释的 String 或 Buffer，所以使用了 module.exports = '${result}'作为返回结果。

8.2.2 链式预处理器开发

上面的例子中我们用的是单个预处理器，那么多个预处理器链式调用时，其写法有什么不同呢？总体来说是一样的，主要区别是最后的返回值，配套代码示例是 webpack8-5。

webpack.config.js 文件的内容如下。

```
var path = require('path');

module.exports = {
  entry: './a.js',
  output: {
    path: path.resolve(__dirname, ''),
    filename: 'bundle.js'
  },
  module: {
    rules: [{
      test: /\.hi$/,
      use: ['./add-loader.js', './mul-loader.js']
    }]
  },
  mode: 'none'
};
```

这里使用了两个自定义预处理器：mul-loader.js 用来把文件里的数字分割出来后相乘，add-loader.js 接收上一个预处理器输出的乘积并加上 100 后输出。

mul-loader.js 文件的内容如下。

```
module.exports = function (src) {
  var result = '';
  if (src) {
```

```
    var nums = src.split('');
    result = 1;
    var length = nums.length;
    for (var i = 0; i < length; i++) {
      result *= nums[i];
    }
    result = result + '';
  }
  return result;
}
```

add-loader.js 文件的内容如下。

```
module.exports = function (src) {
  var result = '';
  if (src) {
    result = +src + 100;
  }
  return `module.exports = '${result}'`;
}
```

可以看到，mul-loader.js 文件与我们刚刚开发的 math-loader.js 文件很像，区别是它的返回值，直接返回了 result。多个预处理器链式调用时，只有最后一个预处理器需要使用字符串包裹 module.exports 这种模块输出形式的返回值，其他预处理器都是直接返回。

mul-loader.js 文件的返回值，除了使用例子里的形式进行返回，也可以使用 this.callback()方法，这里我们改写最后一行代码。

```
  this.callback(null, result);
```

this.callback()是 Webpack 编译器提供的预处理器 API，它最多可以接收四个参数。第一个与第二个参数是必需的，第一个参数可以是 Error 或 null，第二个参数可以是 String 或 Buffer 类型的。第三个与第四个参数是可选的，第三个参数是特殊形式的 source map，第四个参数可以是任何值，Webpack 不会直接使用它，开发者可以自定义。

this.callback()相对于直接返回值的好处是可以传多个参数。

自定义预处理器有同步模式和异步模式两种模式，同步模式使用 this.callback() 返回值，异步模式使用 this.async()返回值。

8.2.3 自定义预处理器传参

很多预处理器支持配置参数，例如 url-loader 可以通过配置 limit 来判断图片是否转换成 Base64 编码。

```
options: {
  limit: 1024 * 8,
}
```

我们自己开发的预处理器也可以支持配置参数，Webpack 编译器提供了相应的 API，我们可以通过 this.query 来获取。下面是一个例子，配套代码示例是 webpack8-6。

我们修改配套代码示例 webpack8-4，直接在 math-loader.js 文件里增加参数 add。将其值设置为 true 时，分割数字相乘的结果会加上 100 并返回；其值设置为 false 时，分割数字相乘的结果不加 100 并返回。

```
var path = require('path');

module.exports = {
  entry: './a.js',
  output: {
    path: path.resolve(__dirname, ''),
    filename: 'bundle.js'
  },
  module: {
    rules: [{
      test: /\.hi$/,
      use: {
        loader: './math-loader.js',
        options: {
          add: true
        }
```

```
      }
    }]
  },
  mode: 'none'
};
```

math-loader.js 文件的内容如下。

```
module.exports = function (src) {
  var result = '';
  if (src) {
    var nums = src.split('');
    result = 1;
    var length = nums.length;
    for (var i = 0; i < length; i++) {
      result *= nums[i];
    }
  }
  if (this.query.add == true) {
    result = result + 100;
  }
  return `module.exports = '${result}'`;
}
```

安装 Webpack 后执行 npx webpack 命令，在浏览器中打开 index.html 文件，可以发现在将 add 设置为 true 时，返回值是加上 100 的结果。

8.3 Webpack 插件开发

8.3.1 Webpack 插件开发概述

在 8.1 节里我们介绍了 tapable，Webpack 插件的开发也是基于事件机制进行的，插件会监听 Webpack 构建过程中的某些节点，并做相应的处理。

一个简单的 Webpack 插件结构如下所示。

```
class HelloPlugin {
  // 构造方法
  constructor (options) {
    console.log(options);
  }
  apply(compiler) {
    compiler.hooks.done.tap('HelloPlugin', () => {
      console.log(`HelloPlugin`);
    })
  }
}

module.exports = HelloPlugin;
```

我们在 Webpack 配置文件里配置插件时，是使用 new 命令实例化一个构造函数来获得实例对象的。因此，我们通常用 ES6 的 class 类来定义一个 Webpack 插件，在内部通过 constructor 构造方法可以获取插件参数。apply 方法在插件初始化时会被 Webpack 编译器调用一次，其方法参数就是 Webpack 编译器的 Compiler 对象引用。在 apply 方法内部，我们通过 Compiler 的 Hook 对象上的方法注册回调函数，以便在 Webpack 特定的编译时机执行特定任务。compiler.hooks 是一个由 tapable 扩展而来的对象，它支持非常多的事件钩子。上面代码中 tap 方法的第一个参数表示插件名称，第二个参数是回调函数，在回调函数里可以获取 Compilation 对象。

Compiler 对象与 Compilation 对象都包含有当前编译的相关信息，Compiler 对象的信息是 Webpack 全局环境信息，而 Compilation 对象的信息是在开发模式运行时一次性、不间断编译的信息。

8.3.2 Webpack 插件开发实例

下面我们开发复制插件，它的作用是把我们打包后输出的资源完全复制到另一个目录下，配套代码示例是 webpack8-7。

我们首先完成一个简易复制功能的 Node.js 模块，该模块对外提供一个函数 copy。函数 copy 接收两个参数，分别表示要被复制的文件目录和复制后的目标目录。该模块文件名是 copy.js，具体代码含义读者无须理解，因为实际开发中我们通常使用工具库的复制模块。

copy.js 文件的内容如下。

```
var fs = require('fs');
var path = require('path');
var stat = fs.stat;
var copy;

var copyFun = function (src, dest) {
  fs.readdir(src, function (err, paths) {
    if (err) {
      throw err;
    }
    paths.forEach(function (path) {
      var from = src + '/' + path;
      var to = dest + '/' + path;
      var readStream;
      var writeStream;
      stat(from, function (err, s) {
        if (err) {
          throw err;
        }
        if (s.isFile()) {
          readStream = fs.createReadStream(from);
          writeStream = fs.createWriteStream(to);
          readStream.pipe(writeStream);
        } else if (s.isDirectory()) {
          copy(from, to);
        }
      })
    })
  })
}

copy = function (src, dest) {
  fs.exists(dest, function (exist) {
    if (exist) {
      copyFun(src, dest);
```

```
    } else {
      fs.mkdir(dest, function () {
        copyFun(src, dest);
      })
    }
  })
}

module.exports = copy;
```

接下来，开始开发我们的 Webpack 复制插件，按照刚刚学过的 Webpack 插件结构，copy-plugin.js 文件的内容如下。

```
var path = require('path');
var copy = require('./copy.js');

class CopyPlugin {
  constructor (options) {
    console.log(options);
  }
  apply (compiler) {
    compiler.hooks.afterEmit.tap('CopyPlugin', compilation => {
      console.log('CopyPlugin');
      var from = path.resolve(__dirname, 'pic');
      var to = path.resolve(__dirname, 'img');
      copy(from, to);
    })
  }
}

module.exports = CopyPlugin;
```

主要变化是 apply 方法里的代码，复制插件的 compiler.hooks 使用了其 afterEmit 方法来注册回调函数。done 与 afterEmit 都是 Webpack 生命周期钩子函数，它们是 tapable 类的实例，在不同的生命周期内进行调用。done 是 AsyncSeriesHook 类型的钩子，它会在编译完成时调用。afterEmit 也是 AsyncSeriesHook 类型的钩子，它会在打包生成资源后调用。

compiler.hooks.afterEmit.tap 方法的第一个参数是插件名，第二个参数是回调函数，回调函数的参数因钩子的不同可以获取不同的参数，通常情况下可以获取到 Compilation 参数。

插件开发完成后，需要在 Webpack 配置文件里进行配置，因为这个插件存放在本地，故我们可以直接引入。

```
const path = require('path');
const CopyPlugin = require('./copy-plugin.js')

module.exports = {
  entry: './a.js',
  output: {
    path: path.resolve(__dirname, ''),
    filename: 'bundle.js'
  },
  plugins: [
    new CopyPlugin()
  ],
  mode: 'none'
};
```

入口文件 a.js 的内容如下，它的代码逻辑很简单，我们的重点是使用 CopyPlugin 插件。

```
let num = 18;
console.log(num);
```

安装好 Webpack 和 webpack-cli 后执行 npx webpack 命令就完成了打包，这时会发现工程目录下的 pic 文件目录里的内容被复制到了 img 目录里。

8.3.3　自定义插件传参

仔细观察 copy-plugin.js 文件的内容，我们会发现被复制的目录与复制后的目标目录都是写在 apply 方法里的固定值，在实际开发的时候，我们通常希望它是一个可以改变的参数。要做到这一点，就需要在 Webpack 配置文件里配置插件时将相应的参数传入，并且在插件代码里需要接收参数进行相应的处理。

在 Webpack 配置文件里传入参数比较简单，4.4 节介绍过 html-webpack-plugin 插件的使用，我们只需要在插件实例化时把一个对象作为参数传入即可。

```
plugins:[
  new HtmlWebpackPlugin({
    title: 'Webpack 与 Babel 入门教程',
    filename: 'home.html'
  })
],
```

现在我们在插件配置项里配置 from 与 to 这两个参数，分别表示被复制的目录与复制后的目标目录。

```
plugins:[
  new CopyPlugin({
    from: path.resolve(__dirname, 'pic'),
    to: path.resolve(__dirname, 'img'),
  })
],
```

在 copy-plugin.js 文件里，会在类的构造方法 constructor 里获取到相应的参数，方法 constructor(options)中的 options 就是我们在配置文件里配置的参数对象，options.from 与 options.to 分别是源目录与目标目录。

现在对 copy-plugin.js 文件进行改造，配套代码示例是 webpack8-8。

copy-plugin.js 文件的内容如下。

```
var path = require('path');
var copy = require('./copy.js');

class CopyPlugin {
  constructor (options) {
    this.from = options.from;
    this.to = options.to;
  }
  apply (compiler) {
    compiler.hooks.afterEmit.tap('CopyPlugin', compilation => {
```

```
      copy(this.from, this.to);
    })
  }
}

module.exports = CopyPlugin;
```

从 options 获取到参数后，分别将 from 和 to 赋值给 this 对象，在调用 copy 函数时，直接将这两个值传入 copy 的参数列表即可。安装好 Webpack 和 webpack-cli 后执行 npx webpack 命令就完成了打包，这时源目录 pic 里的内容被复制到了目标目录 img 里。

8.4 本章小结

在本章中，我们讲解了 Webpack 原理相关的知识。

我们首先对打包后的文件进行了分析，接下来学习了 Webpack 的根基 tapable，Webpack 的构建是基于 tapable 完成的，然后对 Webpack 打包流程与源码进行了探究，通过这些掌握了 Webpack 的基本原理知识。

学习了 Webpack 基本原理后，我们开始学习自定义预处理器与插件的开发，并通过实际的案例进行了讲解。

学习完本章后，读者可以自己尝试开发大型 Webpack 预处理器或插件，并对 Webpack 的源码进行完整研究。

第 9 章

Babel 入门

本章会讲解 Babel 的入门知识。主要目的是快速掌握 Babel 的基础知识，学会最简单的使用方法，为后续深入学习做准备。

9.1 Babel 简介

Babel 是一个工具集，主要用于将 ES6 版本的 JS 代码转换为 ES5 等向后兼容的 JS 代码，从而使代码可以运行在低版本浏览器或其他环境中。

因为有 Babel 的存在，我们完全可以在工作中使用 ES6 来编写程序，最后使用 Babel 将代码转换为 ES5 版本的代码，这样就不用担心运行环境是否支持 ES6 了。下面是一个示例。

转换前，代码里使用 ES6 箭头函数。

```
var fn = (num) => num + 2;
```

转换后，箭头函数变成了 ES5 的普通函数。这样就可以在不支持箭头函数的浏览器里运行相关代码了。

```
var fn = function fn(num) {
  return num + 2;
}
```

Babel 做了上面这个转换工作，接下来我们从最简单的例子开始学习。

注意：

1）在本书中 ES6 是 ECMAScript 2015 及之后版本的统称。

2）在本书中编译与转码是一个意思，不进行严格区分。

3）使用 Babel 进行 ES6 代码转 ES5 代码时，转换之后默认是严格模式。在不影响阅读的情况下，本书部分章节会省略严格模式的声明"use strict"。另外，如果想去除严格模式，可以通过相关插件来实现。

9.2 Babel 快速入门

在本节中，我们将会配置一个简单的 Babel 转码工程，来学习整个转换流程，配套代码示例是 babel9-1。

9.2.1 Babel 的安装、配置与转码

在本节中，我们的目标是将一个 ES6 编写的 JS 文件转换成 ES5 的，该 main.js 文件的代码如下。

```
var fn = (num) => num + 2;
```

接下来，我们会一步一步完成这个转换过程。

1. Babel 的安装

首先，我们需要安装 Babel。Babel 依赖于 Node.js，如果没有安装 Node.js 的话，去官网下载安装最新稳定版本的 Node.js，Node.js 的安装过程在 1.2 节进行过介绍。

本书中所有的 Babel 都安装在本地工程目录下，因此要先建立工程目录，我们在

本地新建文件夹 babel9-1。

接下来，在该目录下执行 npm init -y 命令初始化工程。然后安装 Babel 相关的包，执行下面的命令安装三个 npm 包，这些 npm 包是 Babel 官方包。

```
// npm 一次性安装多个包，包名之间用空格隔开
npm install --save-dev @babel/cli@7.13.10 @babel/core@7.13.10
@babel/preset-env@7.13.10
```

安装完成后，别忘了把要转换的 main.js 文件放在工程目录下。

2. 创建 Babel 配置文件

接下来，我们在工程目录下新建一个 JS 文件，文件名称是 babel.config.js。该文件是 Babel 配置文件，我们在该文件里输入如下内容。

```
module.exports = {
  presets: ["@babel/env"],
  plugins: []
}
```

3. Babel 转码

现在，执行下面的命令进行转码，该命令的含义是把 main.js 文件转码生成 compiled.js 文件。

```
npx babel main.js -o compiled.js
```

此时文件夹下会生成 compiled.js 文件，该文件是转码后的代码。

```
"use strict";
var fn = function fn(num) {
  return num + 2;
};
```

这就是一个简单的 Babel 使用过程，我们把用 ES6 编写的 main.js 文件转换成了兼容 ES5 的 compiled.js 文件。

9.2.2 Babel 转码说明

下面对刚刚完成的 Babel 转码做一个简单说明。

文件 babel.config.js 是 Babel 执行时默认在当前目录下搜寻的 Babel 配置文件。除了 babel.config.js 配置文件，我们也可以选择用.babelrc 或.babelrc.js 这两种配置文件，还可以直接将配置参数写在 package.json 文件里。它们的作用都是相同的，只需要选择其中一种。我们将在 10.2 节详细介绍 Babel 的配置文件，接下来默认使用 babel.config.js 配置文件。

@babel/cli、@babel/core 与@babel/preset-env 是 Babel 官方提供的三个包，它们的作用如下。

1）@babel/cli 是 Babel 命令行转码工具，如果我们使用命令行进行 Babel 转码就需要安装它。

2）@babel/cli 依赖@babel/core，因此也需要安装@babel/core 这个 Babel 核心 npm 包。

3）@babel/preset-env 这个 npm 包提供了 ES6 转 ES5 的语法转换规则，我们需要在 Babel 配置文件里指定使用它。如果不使用的话，也可以完成转码，但转码后的代码仍然是 ES6 的，相当于没有转码。

这些工具后续都会有单独的章节说明，现在先学会简单使用即可。

注意：

1）如果安装 npm 包比较慢的话，通过以下命令设置 npm 镜像源为淘宝 npm 后再安装。

```
npm config set registry https://registry.npm.******.org（见链接 2）
```

2）npx babel main.js -o compiled.js 命令里的 npx 是新版 Node.js 里附带的命令。它运行的时候默认会找到 node_modules/.bin/下的路径执行，分别与下面的命令等效。

Linux/UNIX 命令行如下。

```
node_modules/.bin/babel main.js -o compiled.js
```

Windows 的 cmd 命令行（假设配套代码示例 babel9-1 在 D:\demo\路径下）如下。

```
D:\demo\babel9-1\node_modules\.bin\babel main.js -o compiled.js
```

9.3 引入 polyfill

总体来说，Babel 的主要工作有如下两部分。

1）语法转换。

2）补齐 API。

在 9.2 节中，我们讲的是用 Babel 进行语法转换，把 ES6 的箭头函数语法转换成 ES5 的函数定义语法。箭头函数语法、async 函数语法、class 类语法和解构赋值等都是 ES6 新增的语法。

那什么是补齐 API？简单解释就是通过 polyfill 的方式在目标环境中添加缺失的特性。对于 polyfill 这个概念，在下面会有阐述，现在我们来看一个缺少补齐 API 造成的问题。

本节配套代码示例是 babel9-2。

我们按照 9.2 节的操作对 var promise = Promise.resolve('ok')进行转码，会发现转换后的代码并没有改变，过程如下。

本地新建 babel9-2 文件夹，在该文件夹下新建 Babel 配置文件 babel.config.js，内容如下。

```
module.exports = {
  presets: ["@babel/env"],
  plugins: []
}
```

接着在项目目录下新建 main.js 文件，该文件是需要转码的 JS 代码，内容如下。

```
var fn = (num) => num + 2;
var promise = Promise.resolve('ok')
```

然后执行下面的命令安装三个 npm 包。

```
// npm 一次性安装多个包，包名之间用空格隔开
npm install --save-dev @babel/cli@7.13.10 @babel/core@7.13.10
@babel/preset-env@7.13.10
```

最后执行转码命令。

```
npx babel main.js -o compiled.js
```

整个过程与 9.2 节基本一样，只是 main.js 文件里的代码多了一行。

```
var promise = Promise.resolve('ok')
```

此时文件夹下会生成新的 compiled.js 文件，内容如下。

```
"use strict";
var fn = function fn(num) {
  return num + 2;
};
var promise = Promise.resolve('ok');
```

我们观察转码后生成的 compiled.js 文件代码，发现 Babel 并没有对 ES6 的 Promise 进行转换。

我们通过一个index.html文件引用转码后的compiled.js文件，在比较老的浏览器（如Firefox 27浏览器）里打开HTML文件后，控制台报错：Promise is not defined。

为何 Babel 没有对ES6的Promise进行转码呢？原因是Babel默认只转换新的JS语法（syntax），而不转换新的API。新的API可分成两类，一类是Promise、Map、Symbol、Proxy、Iterator 等全局对象及对象自身的方法，如 Object.assign，Promise.resolve；另一类是新的实例方法，如数组实例方法[1, 4, -5, 10].find((item) => item < 0)。如果想让ES6新的API在低版本浏览器里正常运行，我们就不能只做语法转换。

在Web前端工程里，最常规的做法是使用polyfill，为当前环境提供一个“垫片”。所谓“垫片”，是指垫平不同浏览器之间差异的东西。polyfill提供了全局的ES6对象及通过修改原型链Array.prototype等来补充对实例的实现。

从广义上讲，polyfill 是为环境提供不支持的特性的一类文件或库，而从狭义上讲，其是polyfill.js文件及@babel/polyfill这个npm包。

我们可以直接在 HTML 文件里引入 polyfill.js 文件来作为全局环境“垫片”，polyfill.js文件有Babel官方提供的，也有第三方提供的。我们引入一个Babel官方已经构建好的polyfill.js文件。

为简单起见，我们使用在HTML文件里引入polyfill.js文件的方式。

```
<script src="https://cdn.*******.com/babel-polyfill/7.6.0/
polyfill.js（见链接9）"></script>
```

我们在IE 9浏览器里打开验证，也可以用Firefox 27等低版本的浏览器验证。这时发现可以正常运行了。

补齐 API 的方式除了通过引入 polyfill.js 文件，还可以通过在构建工具（如Webpack）入口文件中配置或者在Babel配置文件中配置等方式来实现。本节所讲的通过在HTML文件里直接引入polyfill.js文件的方式，在现代前端工程里逐渐被淘汰，现在已经很少使用了。但这种方式对初学者理解 polyfill 是做什么的是简单直接的学习方法。后续章节中我们还会学习其他补齐 API 的方式。

注意：

1）可以在链接 10 的页面中下载对应操作系统的 Firefox 27 浏览器，如果要长期使用该版本，必须设置成不自动更新。如果使用的是 Windows 操作系统的话，在左上角 Firefox→选项→高级→更新里设置不自动更新。

2）什么是 API？初学编程的人看了百度百科上的解释会觉得很迷惑。我们举个简单的例子来解释：JS 里的数组有排序方法 sort()，这就是 JS 语言创造者给数组制定的 API。引申一下，你若使用了别人已经写好的对象、类、函数或方法，那就是使用了 API。

那么 ES6 有哪些新的 API 呢？包括 Promise 对象，数组的 Array.from()与 Array.of()方法，数组实例的展平方法 flat()，Object.assign()方法等，只要是新的对象名、类名、函数名或方法名，就是 ES6 中新的 API。

9.4　本章小结

在本章中，我们讲解了 Babel 的入门知识。

首先介绍了 Babel 是什么，然后通过一个简单的例子使读者快速学习 Babel 的使用方法。

一个完整的 Babel 转码工程通常包括如下文件。

1）Babel 配置文件。

2）Babel 相关的 npm 包。

3）需要转码的 JS 文件。

本章最后讲解了通过 polyfill.js 文件来补齐代码运行时环境所缺失的 API。

通过使用 Babel 的语法转换和 polyfill 补齐 API，就可以使一个使用 ES6 编写的项目完整运行在不支持 ES6 的环境上了。

第 10 章

深入 Babel

本章将深入讲解 Babel 的相关知识。

在第 9 章中，我们学习了 Babel 的基础知识和最简单的使用方法。在本章中，我们会接触到 Babel 的整个体系，包括 Babel 版本的变更，如何写 Babel 配置文件，Babel 的预设和插件的选择等。通过本章的学习，读者将对 Babel 有一个完整的认识和深层次的掌握。

10.1 Babel 版本

目前，前端开发领域使用的 Babel 版本主要是 Babel 6 和 Babel 7 这两个版本。

读者可能有这样一个问题，怎么查看使用的 Babel 是哪个版本的呢？在第 9 章中，我们讲过 Babel 是一个工具集，而这个工具集是围绕@babel/core 这个核心 npm 包构成的。每次@babel/core 发布新版本的时候，整个工具集的其他 npm 包也都会跟着升级到与@babel/core 相同的版本，即使它们的代码可能一行都没有改变。因此，我们提到 Babel 版本的时候，通常指的是@babel/core 这个 Babel 核心包的版本。若要时查看 Babel 的版本，只需观察 package.json 里@babel/core 的版本即可。

在一次次版本变更的过程中，很多 Babel 工具及 npm 包都发生了变化，导致其配置文件有各种各样的写法。同时，很多 Babel 相关的文章都没有注意到版本问题，这给学习人员也造成了很大的困惑。

下面我们简单描述一下 Babel 6 和 Babel 7 这两个版本的差异。

Babel 7 的 npm 包都存放在 babel 域下，即在安装 npm 包的时候，我们安装的是名称以@babel/开头的 npm 包，如@babel/cli、@babel/core 等。而在 Babel 6 中，我们安装的包名是 babel-cli、babel-core 等以 babel-开头的 npm 包。其实它们本质上是一样的，都是 Babel 官方提供的 cli 命令行工具和 core 核心包。在平时开发和学习的过程中，碰到@babel/和 babel-时应该认识到它俩是作用相同、内容接近的包，只是版本不一样而已。

另外，对于 Babel 6 和 Babel 7 这两个版本更细微的差异，都会在接下来的各节里讲到。

10.2 Babel 配置文件

10.2.1 配置文件

在前面的章节中，我们已经简单使用过 Babel 的配置文件了。现在我们来深入学习它。

无论是通过命令行工具 babel-cli 来进行编译，还是使用 Webpack 这类的构建工具，通常情况下，我们都需要建立一个 Babel 配置文件来指定编译的规则。

Babel 的配置文件是执行 Babel 时默认会在当前目录下搜寻的文件，主要有.babelrc、.babelrc.js、babel.config.js 和 package.json。它们的配置项都是相同的，作用也是一样的，只需要选择其中一种即可。

对于.babelrc 文件，它的配置内容如下。

```
{
  "presets": ["es2015", "react"],
  "plugins": ["transform-decorators-legacy",
"transform-class-properties"]
```

```
    }
```

对于 babel.config.js 文件和.babelrc.js 文件，它们的配置是一样的，通过 module.exports 输出配置项如下。

```
    module.exports = {
      "presets": ["es2015", "react"],
      "plugins": ["transform-decorators-legacy",
"transform-class-properties"]
    }
```

对于 package.json 文件，就是在其中增加一个 babel 属性和值，它的配置内容如下。

```
    {
      "name": "demo",
      "version": "1.0.0",
      "description": "",
      "main": "index.js",
      "scripts": {
        "test": "echo \"Error: no test specified\" && exit 1"
      },
      "author": "",
      "babel": {
        "presets": ["es2015", "react"],
        "plugins": ["transform-decorators-legacy",
"transform-class-properties"]
      }
    }
```

仔细观察上述几种配置文件，会发现它们的配置项其实都是 plugins 和 presets。

除了把配置写在上述这几种配置文件里，我们也可以把配置写在构建工具的配置里。对于不同的构建工具，Babel 也提供了相应的配置项，例如 Webpack 的 babel-loader 配置项，其本质和配置文件是一样的，大家学会了配置上述的一种，自然也就学会其他的了，故不再单独讲解。

总结一下配置文件，就是配置 plugins 和 presets 这两个数组，我们分别称它们为插件数组和预设数组。

除了 plugins 和 presets 这两个配置项，还有 minified、ignore 等配置项，但我们平时几乎用不到，大家把精力放在 plugins 和 presets 上即可。

推荐使用后缀名是 js 的配置文件来进行配置，因为可以使用该文件做一些逻辑处理，适用性更强。下面举一个例子。

```
// 这里只是举例子，在实际项目中，我们可以传入环境变量等来做处理
var year = 2020;
var presets = [];
if (year > 2018) {
  presets = ["@babel/env"];
} else {
  presets = "presets": ["es2015", "es2016", "es2017"],
}
module.exports = {
  "presets": presets,
  "plugins": []
}
```

10.2.2 插件与预设

plugin 代表插件，preset 代表预设，它们被分别放在 plugins 和 presets 目录下，通常每个插件或预设都是一个 npm 包。

10.2.1 节开头提到了通过 Babel 配置文件来指定编译规则，所谓编译规则，就是在配置文件里列出的编译过程中会用到的 Babel 插件或预设。这些插件和预设会在编译过程中把我们的 ES6 代码转换成 ES5 代码。

Babel 插件的数量非常多，处理 ES2015 的插件如下。

1）@babel/plugin-transform-arrow-functions。

2）@babel/plugin-transform-block-scoped-functions。

3）@babel/plugin-transform-block-scoping。

处理 ES2018 的插件如下。

1）@babel/plugin-proposal-async-generator-functions。

2）@babel/plugin-transform-dotall-regex。

所有的插件都需要先安装 npm 包到 node_modules 后才可以使用。

Babel 的插件实在太多了，假如只配置插件数组，那我们前端工程要把 ES2015、ES2016、ES2017……下的所有插件都写到配置项里，这样的 Babel 配置文件会非常臃肿。

preset 预设就是帮我们解决这个问题的。预设是一组 Babel 插件的集合，通俗的说法就是插件包，例如 babel-preset-es2015 就是所有处理 ES2015 的二十多个 Babel 插件的集合。这样我们就不用写一大堆插件配置项了，只需要用一个预设代替就可以。另外，预设也可以是插件和其他预设的集合。Babel 官方已经针对常用的环境做了如下这些 preset 包。

1）@babel/preset-env。

2）@babel/preset-react。

3）@babel/preset-typescript。

4）@babel/preset-stage-0。

5）@babel/preset-stage-1。

所有的预设也都需要先安装 npm 包到 node_modules 后才可以使用。

10.2.3 插件与预设的短名称

可以在配置文件里写插件的短名称，如果插件的 npm 包名称的前缀为 babel-plugin-，则可以省略其前缀。例如：

```
module.exports = {
  "presets": [],
  "plugins": ["babel-plugin-transform-decorators-legacy"]
}
```

可以写成短名称。

```
module.exports = {
  "presets": [],
  "plugins": ["transform-decorators-legacy"]
}
```

如果 npm 包名称的前缀带有 npm 作用域@，如@org/babel-plugin-xxx，则短名称可以写成@org/xxx。

目前 Babel 7 的官方 npm 包里的绝大部分插件已经升级为@babel/plugin-前缀的了，这种情况的短名称比较特殊，其中绝大部分可以像 babel-plugin-那样省略@babel/plugin-。但 Babel 官方并没有给出明确的说明，所以还是推荐使用全称。

预设的短名称规则与插件的类似，预设 npm 包名称的前缀为 babel-preset-或作用域@xxx/babel-preset-xxx 的可以省略掉 babel-preset-。

目前 Babel 7 的官方 npm 包里的绝大部分预设已经升级为@babel/preset-前缀的了，这种情况的短名称比较特殊，其中绝大部分可以像 babel-preset-那样省略@babel/preset-，但 Babel 官方并没有给出明确的说明，也有例外情况，如@babel/preset-env 的短名称就是@babel/env，所以还是推荐使用全称。

plugins 插件数组和 presets 预设数组是有顺序要求的。如果两个插件或预设都要处理同一个代码片段，那么会根据插件和预设的顺序来执行。规则如下。

1）插件比预设先执行。

2）插件执行顺序是插件数组元素从前向后依次执行。

3）预设执行顺序是预设数组元素从后向前依次执行。

10.2.4　Babel 插件和预设的参数

每个插件是插件数组的一个元素，每个预设是预设数组的一个元素，默认情况下，元素都使用字符串来表示，如"@babel/preset-env"。

如果要给插件或预设设置参数，那么元素就不能写成字符串了，而要改写成一个数组。数组的第一项是插件或预设的名称字符串，第二项是对象，该对象用来设置第一项代表的插件或预设的参数。例如给@babel/preset-env 设置参数。

```
{
  "presets": [
    [
      "@babel/preset-env",
      {
        "useBuiltIns": "entry"
      }
    ]
  ]
}
```

10.3　预设与插件的选择

如果读者是 Babel 方面的新人，看了 10.2 一节后，可能还是不知道有哪些插件和预设，那么该怎样选择插件和预设呢？本节就是帮读者解决这个问题的。

Babel 7.13 官方的插件和预设目前有一百多个，数量这么多，我们一个个都学习的话要花费大量时间。

不过，我们没有必要全部学习。在我们现在的 Web 前端工程里，常用的插件和预设其实只有几个。抓住重点，有的放矢地学习这几个，然后举一反三，这是最快掌握 Babel 的途径。

10.3.1 预设的选择

在 Babel 6 时期，常见的预设有 babel-preset-es2015、babel-preset-es2016、babel-preset-es2017、babel-preset-latest、babel-preset-stage-0、babel-preset-stage-1、babel-preset-stage-2 等。

babel-preset-es2015、babel-preset-es2016、babel-preset-es2017 分别是 TC39 每年发布的进入标准的 ES 语法转换器预设，我们在这里称之为年代 preset。目前，Babel 官方不再推出 babel-preset-es2017 之后的年代 preset 了。

babel-preset-stage-0、babel-preset-stage-1、babel-preset-stage-2、babel-preset-stage-3 是 TC39 每年草案阶段发布的 ES 语法转换器预设。

从 Babel 7 版本开始，上述预设都已经不再推荐使用了，babel-preset-stage-*X* 因为对开发造成了一些困扰，也不再更新。

babel-preset-latest，在 Babel 6 时期，是所有年代 preset 的集合，在 Babel 6 最后一个版本中，它是 babel-preset-es2015、babel-preset-es2016、babel-preset-es2017 的集合。因为 Babel 官方不再推出 babel-preset-es2017 之后的年代 preset 了，所以 babel-preset-latest 变成了 TC39 每年发布的进入标准的 ES 语法转换器预设集合。其实，这和 Babel 6 时期它的内涵是一样的。

@babel/preset-env 包含了 babel-preset-latest 的功能，并对其进行了增强，现在 @babel/preset-env 完全可以替代 babel-preset-latest。

经过一番梳理，可以总结为以前要用到那么多的预设，而现在只需要一个@babel/preset-env 就可以了。

在实际开发过程中，除了使用@babel/preset-env 对标准的 ES6 语法进行转换，我们可能还需要类型检查和 React 等预设对特定语法进行转换。这里有三个官方预设可以使用。

1）@babel/preset-flow。

2）@babel/preset-react。

3）@babel/preset-typescript。

总结起来，Babel 官方提供的预设，我们实际会用到的其实就只有四个。

1）@babel/preset-env。

2）@babel/preset-flow。

3）@babel/preset-react。

4）@babel/preset-typescript。

对于一个普通的 Vue 工程，在 Babel 官方提供的预设中只需要配一个@babel/preset-env 就可以了。

10.3.2　插件的选择

虽然 Babel 7 官方有九十多个插件，不过其中大多数都已经整合在@babel/preset-env 和@babel/preset-react 等预设里了，我们在开发的时候直接使用预设就可以。

目前比较常用的插件只有@babel/plugin-transform-runtime。

综上，在本节中，我们主要学习了插件和预设的选择，经过一番筛选后，我们找出了在开发的过程中经常用到的四个预设和一个插件。

10.4 babel-polyfill

babel-polyfill 在 Babel 7 之后的名字是@babel/polyfill。在 9.3 节中，我们学习了 polyfill 的入门知识，在本节中将会进行深入讲解。

从广义上讲，polyfill 是为环境提供不支持特性的一类文件或库，既有 Babel 官方提供的库，也有第三方提供的。babel-polyfill 指的是 Babel 官方提供的 polyfill，本书默认使用 babel-polyfill。传统上的 polyfill 分为两类，一类是已构建成 JS 文件的 polyfill.js，另一类是未构建的需要安装 npm 包的@babel/polyfill。因为@babel/polyfill 本质上是由两个 npm 包 core-js 与 regenerator-runtime 组合而成的，所以在使用层面上还可以再细分为是引入@babel/polyfill 本身还是引入其组合子包。

总体来说，Babel 官方提供的 polyfill 的使用方法主要有如下几种。

1）直接在 HTML 文件里引入 Babel 官方提供的 polyfill.js 文件。

2）在前端工程的入口文件里引入 polyfill.js 文件。

3）在前端工程的入口文件里引入@babel/polyfill。

4）在前端工程的入口文件里引入 core-js/stable 与 regenerator-runtime/runtime。

5）在前端工程构建工具的配置文件入口项里引入 polyfill.js 文件。

6）在前端工程构建工具的配置文件入口项里引入@babel/polyfill。

7）在前端工程构建工具的配置文件入口项里引入 core-js/stable 与 regenerator-runtime/runtime。

下面我们仍以 Firefox 27 浏览器不支持的 Promise 为例进行演示。该版本的 Firefox 浏览器在遇到如下代码时会报错。

```
var promise = Promise.resolve('ok');
console.log(promise);
```

报错信息为“ReferenceError: Promise is not defined”。

我们需要做的就是让 Firefox 27 浏览器可以正常运行我们的代码，下面对上面提到的七种方法进行讲解。

1. 直接在 HTML 文件里引入 Babel 官方提供的 polyfill.js 文件

该方法属于使用已构建成 JS 文件的 polyfill.js，该方法在 9.3 节已经讲过，本节不再重复讲解。

2. 在前端工程的入口文件里引入 polyfill.js 文件

配套代码示例是 babel10-1。

该方法属于使用已构建成 JS 文件的 polyfill.js，下面我们以目前业界最流行的 Webpack 构建工具为例讲述该方法。

我们的工程里有 a.js 与 index.html 文件，a.js 文件是需要转码的文件，其内容如下。

```
var promise = Promise.resolve('ok');
console.log(promise);
```

index.html 文件在 head 标签里直接引入了 a.js 文件，这时在 Firefox 27 浏览器里打开该 HTML 文件会报错。

在 9.3 节的例子里，我们是在 index.html 文件里单独引入 polyfill.js 文件对 API 进行补齐的。现在，我们换一种方法，通过在工程入口文件 a.js 中引入 polyfill.js 文件来进行 API 补齐。

我们使用 Webpack 来讲述这个过程，首先进行 Webpack 和其命令行工具的安装。

```
npm install -D webpack@5.21.2  webpack-cli@4.5.0
```

在 1.3 节中，我们学习了命令行 Webpack 打包命令 npx webpack --entry ./a.js -o dist，该命令指定了工程目录下的 a.js 文件作为打包入口文件，将打包后的资源输出到 dist 目录下，a.js 文件打包后文件取默认名 main.js。

为了方便，我们在 package.json 文件里配置 scripts 项，现在只需要执行 npm run dev 命令，就会自动执行 webpack --entry ./a.js -o dist 命令，即可完成打包。

```
"scripts": {
  "dev": "webpack --entry ./a.js -o dist"
},
```

在我们这个例子里，前端工程入口文件是 a.js，我们只需要在 a.js 文件最上方加入这句代码。

```
import './polyfill.js';
```

然后执行 npm run dev 命令，就可以把 polyfill 打包到我们最终生成的文件里（我们需要提前在相应的文件目录里存放 polyfill.js 文件）。

现在，我们把 index.html 文件使用的 a.js 文件改成转码生成的 main.js 文件，然后在 Firefox 27 浏览器里打开该文件，可以看到控制台显示已经正常。

3. 在前端工程的入口文件里引入@babel/polyfill

配套代码示例是 babel10-2。

该方法属于使用未构建的需要安装 npm 包的@babel/polyfill，其实整个过程和上面的例子非常像，不一样的地方如下。

1）a.js 文件里的

```
import './polyfill.js';
```

需要修改成

```
import '@babel/polyfill';
```

2）删除工程目录下的 polyfill.js 文件，同时安装@babel/polyfill 这个 npm 包。

```
npm install --save @babel/polyfill@7.12.1
```

除了这两点，其余的地方和上面的例子完全相同。

执行 npm run dev 命令，然后和之前一样在 Firefox 27 浏览器里打开进行验证，发现使用@babel/polyfill 可以使 Promise 正常运行。

4. 在前端工程的入口文件里引入 core-js/stable 与 regenerator-runtime/runtime

配套代码示例是 babel10-3。

该方法属于使用未构建的需要安装 npm 包的@babel/polyfill 的组合子包，我们仍以目前业界最流行的 Webpack 构建工具为例讲述该方法。后续默认使用的是 Webpack 构建工具。

该方法需要我们单独安装 core-js 与 regenerator-runtime 这两个 npm 包，这种方法下的 core-js 默认是 3.x.x 版本的。

需要注意的是，我们使用该方法的时候，不能再安装@babel/polyfill 了。因为在安装@babel/polyfill 的时候，会自动把 core-js 与 regenerator-runtime 这两个依赖文件安装上，而@babel/polyfill 使用的 core-js 已经锁死为 2.x.x 版本。core-js 的 2.x.x 版本里并没有 stable 文件目录，所以安装@babel/polyfill 后再引入 core-js/stable 时会报错。

其实这个方法和上面的例子也非常像，就是把一个 npm 包换成两个而已。不一样的地方具体如下。

1）a.js 文件里的

```
import '@babel/polyfill';
```

需要修改成

```
import "core-js/stable";
import "regenerator-runtime/runtime";
```

2）安装两个 npm 包 core-js 和 regenerator-runtime。

```
npm install --save core-js@3.6.5 regenerator-runtime@0.13.5
```

替换之前安装的@babel/polyfill。

执行 npm run dev 命令，然后与之前一样在 Firefox 27 浏览器里打开进行验证，发现该方法可以使 Promise 正常运行。

5. 在前端工程构建工具的配置文件入口项里引入 polyfill.js 文件

配套代码示例是 babel10-4。

本节使用的前端构建工具仍然是 Webpack，与之前不同的是，现在我们要使用 Webpack 的配置文件。Webpack 的配置文件有多种类型，我们在此使用 webpack.config.js 文件，其他类型的 Webpack 配置文件与其处理方法类似。

因为要在 Webpack 配置文件里指定入口文件，我们就不手动使用 webpack --entry ./a.js -o dist 命令来进行打包了，而是在 webpack.config.js 里进行如下设置。

```
const path = require('path');

module.exports = {
  entry: ['./a.js'],
  output: {
    filename: 'main.js',
    path: path.resolve(__dirname, 'dist')
  },
  mode: 'development'
};
```

Webpack 配置文件的入口项是 entry，这里 entry 的值被我们设置成数组，a.js 就是入口文件。然后，将 package.json 文件里的 dev 命令改为如下内容。

```
"scripts": {
  "dev": "webpack"
},
```

现在我们执行 npm run dev 命令，Webpack 就完成了打包。我们在 index.html 文件里直接引用 main.js 文件，Firefox 27 浏览器会报错。报错的原因我们在之前就已经知道，是因为没有使用 polyfill。

那么，在前端工程构建工具的配置文件入口项里引入 polyfill.js 文件，该怎样操作呢？

其实很简单，那就是把数组的第一项改成'./polyfill.js'，将原先的入口文件作为数组的第二项，polyfill 就会被打包到我们生成后的文件里了。

```
const path = require('path');

module.exports = {
  entry: ['./polyfill.js', './a.js'],
  output: {
    filename: 'main.js',
    path: path.resolve(__dirname, 'dist')
  },
  mode: 'development'
};
```

现在再执行 npm run dev 命令进行打包，这时 index.html 文件就不会在 Firefox 27 浏览器里报错了。

6. 在前端工程构建工具的配置文件入口项里引入@babel/polyfill

配套代码示例是 babel10-5。

如果读者对之前讲的方法都能理解的话，那么也能很容易理解该方法。该方法就是把上一个方法的 entry 数组的第一项换成@babel/polyfill，并且安装@babel/polyfill 包就可以了。

```
npm install --save @babel/polyfill@7.12.1
```

webpack.config.js 文件的内容如下。

```
const path = require('path');

module.exports = {
  entry: ['@babel/polyfill', './a.js'],
  output: {
    filename: 'main.js',
    path: path.resolve(__dirname, 'dist')
  },
  mode: 'development'
};
```

现在再执行 npm run dev 命令进行打包，这时 index.html 文件就不会在 Firefox 27 浏览器里报错了。

7. 在前端工程构建工具的配置文件入口项里引入 core-js/stable 与 regenerator-runtime/runtime

配套代码示例是 babel10-6。

其实这个方法与上面的例子也非常像，就是把一个 npm 包换成两个而已。我们需要做的就是安装两个 npm 包。

```
npm install --save core-js@3.6.5 regenerator-runtime@0.13.5
```

然后将 webpack.config.js 文件的 entry 数组的前两项改为 core-js/stable 和 regenerator-runtime/runtime。

```
const path = require('path');

module.exports = {
  entry: ['core-js/stable', 'regenerator-runtime/runtime',
'./a.js'],
  output: {
    filename: 'main.js',
    path: path.resolve(__dirname, 'dist')
  },
  mode: 'development'
};
```

现在再执行 npm run dev 命令进行打包，这时 index.html 文件就可以在 Firefox 27 浏览器里正常运行了。

从 Babel 7.4 开始，官方就不推荐使用@babel/polyfill 了，因为@babel/polyfill 本身其实就是两个 npm 包 core-js 与 regenerator-runtime 的集合。

官方推荐直接使用这两个 npm 包。在写作本书时，@babel/polyfill 已经不再支持进行版本升级，因为其使用的 core-js 包为 2.x.x 版本，而 core-js 包本身已经发布到了 3.x.x 版本。新版本的 core-js 包实现了许多新的功能，例如数组的 includes 方法等。

虽然从 Babel 7.4 开始，官方就不推荐使用@babel/polyfill 了，但我们仍然在本节中对传统@babel/polyfill 的使用方法进行了讲解，这对于理解 polyfill 的使用方法是非常有帮助的。

ES6 补齐 API 的方法，除了上述几种在前端工程入口文件或构建工具的配置文件里使用 polyfill（或其子包）的方法，还有使用 Babel 预设或插件进行补齐 API 的方法。

上述使用 polyfill 的方法，是把整个 npm 包或 polyfill.js 文件放到了我们最终的项目里。完整的 polyfill 文件非常大，会影响到页面的加载时间。

如果我们的运行环境已经实现了部分 ES6 的功能，那么实在没有必要引入整个 polyfill。我们可以将其部分引入，这时需要使用 Babel 预设或插件来进行部分引入的处理。

Babel 预设或插件不仅可以补齐 API，还可以对 API 进行转换，这些使用方法将在后面两节进行讲解。

本节对使用 polyfill 进行了详细的梳理与讲解，对每一种使用方法都进行了讲述，并配有代码以便大家理解。

这么多的方法，在实际开发中该选择哪一种呢？从 Babel 7.4 版本开始，Babel 官方就不推荐使用@babel/polyfill 了，这也包括官方的 polyfill.js 库文件。因此，从 2019 年年中开始，新项目都应该使用 core-js 和 regenerator-runtime 这两个包。也就是我们应该选择方法 4 与方法 7。这两种方法都是把两个 npm 包全部引入前端打包后的文件里，对于部分引入的方法，我们将在后面两节进行讲解。

注意：

polyfill 这个名词，现在有多种含义。可以是指 polyfill.js，可以是指 babel-polyfill，也可以是指@babel/polyfill，还可以是指 core-js 和 regenerator-runtime 等。我们应该根据语境来理解其具体指代。总体来说，提到 polyfill 这个词时，一般指的是我们在开发过程中需要对环境的缺失 API 特性提供支持。

10.5 @babel/preset-env

10.5.1 @babel/preset-env 简介

在 Babel 6 版本里，@babel/preset-env 的名字是 babel-preset-env，从 Babel 7 版本

开始，统一使用名字@babel/preset-env。本节单独讲解@babel/preset-env，不涉及 transform-runtime 的内容，两者结合使用的内容会在学习了 transform-runtime 之后进行讲解。

@babel/preset-env 是整个 Babel 大家族中最重要的一个预设。如果只能配置一个插件或预设，而且要求能完成现代 JS 工程所需的所有转码要求，那么一定非@babel/preset-env 莫属。

在使用它之前，需要先安装。

```
npm install --save-dev @babel/preset-env@7.13.10
```

@babel/preset-env 是 Babel 6 时期 babel-preset-latest 的增强版。该预设除了包含所有稳定的转码插件，还可以根据我们设定的目标环境进行针对性转码。

在 9.2 节中，我们简单使用过@babel/preset-env 的语法转换功能。除了进行语法转换，该预设还可以通过设置参数进行针对性语法转换及实现 polyfill 的部分引入。

10.5.2 @babel/preset-env 等价设置

对于预设，当我们不需要对其设置参数的时候，只需要把该预设的名字放入 presets 数组里即可。

```
module.exports = {
  presets: ["@babel/env"],
  plugins: []
}
```

注意，@babel/env 是@babel/preset-env 的简写。

如果需要对某个预设设置参数，该预设就不能以字符串形式直接放在 presets 数组中，而是应该再包裹一层数组，数组的第一项是该预设名称字符串，数组的第二项是该预设的参数对象。如果该预设没有参数需要设置，则数组的第二项可以是空对象或者直接不写第二项。以下几种写法是等价的。

```
module.exports = {
  presets: ["@babel/env"],
  plugins: []
}//第一种写法
module.exports = {
  presets: [["@babel/env", {}]],
  plugins: []
}//第二种写法
module.exports = {
  presets: [["@babel/env"]],
  plugins: []
}//第三种写法
```

10.5.3 @babel/preset-env 与 browserslist

如果读者使用过 Vue 或 React 的官方脚手架 cli 工具，一定会在其 package.json 文件里看到 browserslist 项，下面是其配置的一个例子。

```
"browserslist": [
  "> 1%",
  "not ie <= 8"
]
```

上面配置的含义是，该项目工程的目标环境是市场份额大于 1%的浏览器并且不考虑IE 8及以下的IE浏览器。browserslist叫作目标环境配置表，除了写在package.json文件里，也可以单独写在工程目录下的.browserslistrc 文件里。我们用 browserslist 来指定代码最终要运行在哪些浏览器或 Node.js 环境里。Autoprefixer、PostCSS 等可以根据我们设置的 browserslist，来自动判断是否要增加 CSS 前缀（如'-webkit-'）。Babel 也可以使用 browserslist，如果你使用了@babel/preset-env 预设，此时 Babel 就会读取 browserslist 的配置。

如果我们不为@babel/preset-env 设置任何参数，Babel 就会完全根据 browserslist 的配置来做语法转换。如果没有 browserslist，那么 Babel 就会把所有 ES6 的语法转换成 ES5 的语法。

在本书最初的例子里，我们没有 browserslist，并且@babel/preset-env 的参数为空，ES6 箭头函数语法就被转换成了 ES5 的函数定义语法。

转换前：

```
var fn = (num) => num + 2;
```

转换后：

```
"use strict";
var fn = function fn(num) {
  return num + 2;
};
```

如果我们在 browserslist 里指定目标环境是 Chrome 60 浏览器，再来看一下转换结果，配套代码示例是 babel10-7。

```
"browserslist": [
  "chrome 60"
]
```

转换后：

```
"use strict";

var fn = num => num + 2;
```

我们发现转换后的代码仍然是箭头函数，因为 Chrome 60 浏览器已经实现了箭头函数语法，所以不会转换成 ES5 的函数定义语法。

现在我们把 Chrome 60 浏览器改成 Chrome 38 浏览器，再看看转换后的结果，配套代码示例是 babel10-8。

```
"browserslist": [
  "chrome 38"
]
```

转换后：

```
"use strict";

var fn = function fn(num) {
  return num + 2;
};
```

我们发现转换后的代码是 ES5 的函数定义语法，因为 Chrome 38 浏览器不支持箭头函数语法，所以 Babel 进行了转码。

注意，Babel 使用的 browserslist 的配置功能依赖于@babel/preset-env，如果 Babel 没有配置任何预设或插件，那么 Babel 不会对要转换的代码做任何处理，会原封不动地生成与转换前一样的代码。

既然@babel/preset-env 可以通过 browserslist 针对目标环境不支持的语法进行语法转换，那么其是否也可以对目标环境不支持的特性 API 进行部分引用呢？这样我们就不用把完整的 polyfill 全部引入最终的文件，进而可以大大减小文件体积。

答案是可以的，但需要对@babel/preset-env 的参数进行设置，这是我们接下来要讲解的内容。

10.5.4 @babel/preset-env 的参数

@babel/preset-env 的参数有十多个，但大部分参数要么用不到，要么已经或将要被弃用。这里建议大家重点掌握几个参数，有的放矢。重点要学习的参数有 targets、useBuiltIns、corejs 和 modules。

1. targets

参数 targets 的作用与 browserslist 很像，它用来设置 Babel 转码的目标环境。

该参数的取值可以是字符串、字符串数组或对象，不设置参数值的时候取默认值空对象{}。

该参数的写法与 browserslist 是一样的，下面是一个例子。

```
module.exports = {
  presets: [["@babel/env", {
    targets: {
      "chrome": "58",
      "ie": "11"
    }
  }]],
  plugins: []
}
```

如果我们对@babel/preset-env 的 targets 参数进行了设置，那么 Babel 转码时就不会使用 browserslist 的配置，而是使用 targets 的配置。如果不设置 targets，那么就会使用 browserslist 的配置。如果不设置 targets，browserslist 中也没有配置，那么@babel/preset-env 就将所有 ES6 语法转换成 ES5 语法。

正常情况下，我们推荐使用 browserslist 的配置而很少单独设置@babel/preset-env 的 targets 参数。

2. useBuiltIns

useBuiltIns 参数的取值可以是 usage、entry 或 false。如果不设置该参数，则取默认值 false。

useBuiltIns 参数主要与 polyfill 的行为有关。在我们没有设置该参数或参数值为 false 的时候，polyfill 就是 10.4 节讲的那样，会被全部引入最终的代码。

在 useBuiltIns 的取值为 entry 或 usage 的时候，会根据配置的目标环境找出需要的 polyfill 进行部分引入。

在 useBuiltIns 的取值为 entry 时，Babel 可以针对目标环境缺失的 API 进行部分引入；而在取值为 usage 时，Babel 除了会考虑目标环境缺失的 API 模块，也会考虑我们项目代码里使用到的 ES6 特性。只有当我们使用到的 ES6 特性 API 在目标环境下缺失的时候，Babel 才会引入 core-js 的 API 来补齐模块。

下面让我们通过实际的例子来学习这两个参数值在使用上的不同之处。

1）useBuiltIns 的取值为 entry

配套代码示例是 babel10-9。

转换前的 a.js 文件的内容如下。

```
import '@babel/polyfill';

var promise = Promise.resolve('ok');
console.log(promise);
```

该文件用 import 语法引入了 polyfill。此时 Babel 的配置文件内容如下。

```
module.exports = {
  presets: [["@babel/env", {
    useBuiltIns: "entry"
  }]],
  plugins: []
}
```

接下来安装需要使用的 npm 包。

```
npm install --save-dev @babel/cli@7.13.10 @babel/core@7.13.10
@babel/preset-env@7.13.10
npm install --save @babel/polyfill@7.12.1
```

我们指定目标环境是 Firefox 58 浏览器，package.json 文件里的 browserslist 配置如下。

```
"browserslist": [
  "firefox 58"
]
```

现在使用 npx babel a.js -o b.js 命令进行转码。

转换后的 b.js 文件内容如下。

```
"use strict";

require("core-js/modules/es7.array.flat-map.js");

require("core-js/modules/es6.array.iterator.js");

require("core-js/modules/es6.array.sort.js");

require("core-js/modules/es7.object.define-getter.js");

require("core-js/modules/es7.object.define-setter.js");

require("core-js/modules/es7.object.lookup-getter.js");

require("core-js/modules/es7.object.lookup-setter.js");

require("core-js/modules/es7.promise.finally.js");

require("core-js/modules/es7.symbol.async-iterator.js");

require("core-js/modules/es7.string.trim-left.js");

require("core-js/modules/es7.string.trim-right.js");

require("core-js/modules/web.timers.js");

require("core-js/modules/web.immediate.js");

require("core-js/modules/web.dom.iterable.js");

var promise = Promise.resolve('ok');
console.log(promise);
```

可以看到，Babel 针对 Firefox 58 浏览器不支持的 API 特性进行了引用，一共引入了 14 个 core-js 的 API 补齐模块（模块数量会因使用的 npm 包版本不同等因素而有所差异）。同时也可以看到，因为 Firefox 58 浏览器已经支持大部分的 Promise 特性，所以没有引入 Promise 基础的 API 补齐模块。读者可以试着修改 browserslist 里 Firefox 浏览器的版本，修改成版本 26 后，引入的 API 模块数量将大大增多，使用写作本书时的 npm 版本，转码后引入的 API 模块有上百个之多。

2）useBuiltIns 的取值为 usage

配套代码示例是 babel10-10。

usage 在 Babel 7.4 版本之前一直是试验性的，7.4 之后的版本中才稳定下来。

这种方法不需要我们在入口文件（以及 Webpack 的 entry 入口项等）里引入 polyfill，Babel 发现 useBuiltIns 的值是 usage 时，会自动进行 polyfill 的引入。

需要转换的文件仍然是 a.js。

```
var promise = Promise.resolve('ok');
console.log(promise);
```

Babel 配置文件的内容如下。

```
module.exports = {
  presets: [["@babel/env", {
    useBuiltIns: "usage"
  }]],
  plugins: []
}
```

接下来，安装需要使用的 npm 包。

```
npm install --save-dev @babel/cli@7.13.10 @babel/core@7.13.10 @babel/preset-env@7.13.10
npm install --save @babel/polyfill@7.12.1
```

我们指定目标环境是 Firefox 27 浏览器，package.json 文件里的 browserslist 设置如下。

```
"browserslist": [
  "firefox 27"
]
```

使用 npx babel a.js -o b.js 命令进行转码。

下面是转换后的 b.js 文件的内容。

```
"use strict";

require("core-js/modules/es6.object.to-string.js");

require("core-js/modules/es6.promise.js");

var promise = Promise.resolve('ok');
console.log(promise);
```

观察转换后的代码，我们发现引入的 core-js 的 API 补齐模块非常少，只有两个。这是为什么呢？

因为我们的代码里使用的 Firefox 27 浏览器不支持的特性 API 只有 Promise 这一个，使用 useBuiltIns:"usage"后，Babel 除了会考虑目标环境缺失的 API 模块，同时也会考虑我们项目代码里使用的 ES6 特性。只有当我们使用的 ES6 特性 API 在目标环境下缺失的时候，Babel 才会引入 core-js 的 API 补齐模块。

这时我们就看出了 entry 与 usage 这两个参数值的区别：entry 这种方法不会根据我们实际用到的 API 针对性地引入 polyfill，而 usage 可以做到这一点。另外，在使用的时候，entry 需要我们在项目入口处手动引入 polyfill，而 usage 不需要。

需要注意的是，使用 entry 这种方法的时候，只能执行一次 import polyfill，一般都是在入口文件中进行的。如果要执行多次 import，则会发生错误。

3. corejs

该参数的取值可以是 2 或 3，在不设置的时候，取默认值 2（其实还有一种对象 proposals 取值方法，我们实际中用不到，故本书不进行讲解）。这个参数只有在将 useBuiltIns 设置为 usage 或 entry 时才会生效。

corejs 取默认值的时候，Babel 转码时使用的是 core-js@2 版本（即 core-js 2.x.x）。因为某些新 API 只有在 core-js@3 里才有，例如数组的 flat 方法。当我们需要使用 core-js@3 的 API 模块进行补齐时，我们就把该参数设置为 3。

需要注意的是，corejs 取值为 2 的时候，需要安装并引入 core-js@2 版本，或者直接安装并引入 polyfill 也可以。如果 corejs 取值为 3，则必须安装并引入 core-js@3 版本才可以，否则 Babel 会转换失败并提示。

```
    `@babel/polyfill` is deprecated. Please, use required parts of
`core-js` and `regenerator-runtime/runtime` separately
```

4. modules

这个参数的取值可以是 amd、umd、systemjs、commonjs、cjs、auto、false。在不设置的时候，取默认值 auto。该参数用于设置是否把 ES6 的模块化语法转换成其他模块化语法。

我们常见的模块化语法有两种：1）ES6 的模块法语法，用的是 import 与 export；2）commonjs 的模块化语法，用的是 require 与 module.exports。

在该参数值是 auto 或不设置的时候，会发现我们转换后的代码里 import 都被转换成 require 了。

如果我们将该参数改成 false，那么就不会对 ES6 模块化进行转换，还是使用 import 引入模块。

使用 ES6 模块化语法有什么好处呢？在使用 Webpack 一类的构建工具时，可以更好地进行静态分析，从而可以做 Tree Shaking 等优化措施。

10.6　@babel/plugin-transform-runtime

本节主要讲解@babel/plugin-transform-runtime 及@babel/runtime 的使用方法。

10.6.1　@babel/runtime 与辅助函数

在我们使用 Babel 做语法转换的时候（注意，这里单纯地进行了语法转换，暂时不使用 polyfill 补齐 API），需要 Babel 在转换后的代码里注入一些函数，然后才能正常工作。先看一个例子，配套代码示例是 babel10-11。

Babel 配置文件如下，用@babel/preset-env 做语法转换。

```
{
  "presets": [
    "@babel/env"
  ],
  "plugins": [

  ]
}
```

转换前的代码使用了 ES6 的 class 类语法。

```
class Person {
  sayname() {
    return 'name'
  }
}

var john = new Person()
console.log(john)
```

Babel 转码生成的代码如下。

```
"use strict";

function _classCallCheck(instance, Constructor) { if (!(instance instanceof Constructor)) { throw new TypeError("Cannot call a class as a function"); } }

function _defineProperties(target, props) { for (var i = 0; i < props.length; i++) { var descriptor = props[i]; descriptor.enumerable = descriptor.enumerable || false; descriptor.configurable = true; if ("value" in descriptor) descriptor.writable = true; Object.defineProperty(target, descriptor.key, descriptor); } }

function _createClass(Constructor, protoProps, staticProps) { if (protoProps) _defineProperties(Constructor.prototype, protoProps); if (staticProps) _defineProperties(Constructor, staticProps); return Constructor; }

var Person = /*#__PURE__*/function () {
  function Person() {
    _classCallCheck(this, Person);
  }

  _createClass(Person, [{
    key: "sayname",
    value: function sayname() {
      return 'name';
    }
  }]);

  return Person;
}();

var john = new Person();
console.log(john);
```

可以看到，转换后的代码上部增加了好几个函数声明，这些函数是 Babel 转码时注入的，我们称之为辅助函数。@babel/preset-env 在做语法转换的时候，注入了这些函数声明，以便语法转换后使用。

但这样做存在一个问题。在我们正常地进行前端工程开发的时候，少则有几十个 JS 文件，多则有上千个。如果每个文件里都使用了 class 类语法，那么会导致每个转换后的代码上部都会注入这些相同的函数声明。这会导致我们用构建工具打包出来的包体积非常大。

那么应该怎么办呢？一个思路就是，我们把这些函数声明都放在一个 npm 包里，需要使用的时候直接从这个包里引入我们的文件。这样即使有上千个文件，也会从相同的包里引入这些函数。使用 Webpack 这一类的构建工具进行打包时，我们只需要引入一次 npm 包里的函数，这样就做到了复用，减小了包的体积。

@babel/runtime 就是上面说的这个 npm 包，@babel/runtime 把所有语法转换会用到的辅助函数都集中在了一起。接下来，我们将使用@babel/runtime，配套代码示例是 babel10-12。

我们先安装相关的 npm 包。

```
    npm install --save @babel/runtime@7.12.5
    npm install --save-dev @babel/cli@7.13.10 @babel/core@7.13.10
@babel/preset-env@7.13.10
```

然后到 node_modules 目录下看一下这个包的结构，如图 10-1 所示。

_classCallCheck、_defineProperties 与_createClass 这三个辅助函数就在图 10-1 中灰底突出显示的位置，我们直接引入即可。

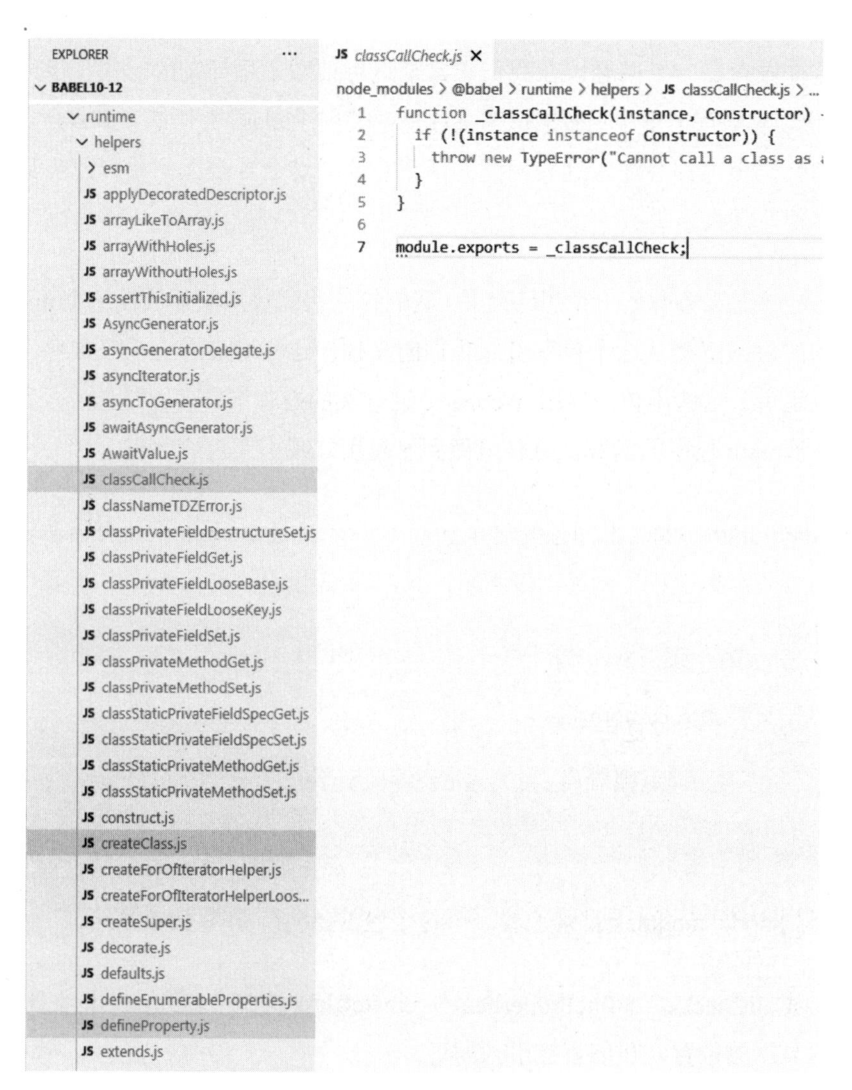

图 10-1 包结构

我们手动将辅助函数的函数声明替换掉，之前文件的代码就变成了如下这样。

```
    "use strict";

    var _classCallCheck =
require("@babel/runtime/helpers/classCallCheck");
    var _defineProperties =
require("@babel/runtime/helpers/defineProperties");
```

```
var _createClass = require("@babel/runtime/helpers/createClass");

var Person = /*#__PURE__*/function () {
  function Person() {
    _classCallCheck(this, Person);
  }

  _createClass(Person, [{
    key: "sayname",
    value: function sayname() {
      return 'name';
    }
  }]);

  return Person;
}();

var john = new Person();
console.log(john);
```

这样就解决了代码复用和最终文件体积大的问题。不过，这么多辅助函数要一个个记住并手动引入，是很难做到的。这时 Babel 插件@babel/plugin-transform-runtime 就可以用来帮我们解决这个问题。

10.6.2　@babel/plugin-transform-runtime 与辅助函数的自动引入

@babel/plugin-transform-runtime 有三大作用，其中之一就是自动移除语法转换后内联的辅助函数（inline Babel helpers），而是使用@babel/runtime/helpers 里的辅助函数来替代，这样就减少了我们手动引入的麻烦。本节配套代码示例是 babel10-13。

现在我们除了安装@babel/runtime 包提供辅助函数模块，还要安装 Babel 插件@babel/plugin-transform-runtime 来自动替换辅助函数。

```
npm install --save @babel/runtime@7.12.5
npm install --save-dev @babel/cli@7.13.10 @babel/core@7.13.10
@babel/preset-env@7.13.10 @babel/plugin-transform-runtime@7.13.10
```

现在，将 Babel 的配置文件修改为如下这样。

```
{
  "presets": [
    "@babel/env"
  ],
  "plugins": [
    "@babel/plugin-transform-runtime"
  ]
}
```

转换前的 a.js 文件的内容如下。

```
class Person {
  sayname() {
    return 'name'
  }
}

var john = new Person()
console.log(john)
```

执行 npx babel a.js -o b.js 命令后，转换后的 b.js 文件的内容如下。

```
"use strict";

var _interopRequireDefault =
require("@babel/runtime/helpers/interopRequireDefault");

var _classCallCheck2 = _interopRequireDefault(require("@babel/
runtime/helpers/classCallCheck"));

var _createClass2 = _interopRequireDefault(require("@babel/runtime/
helpers/createClass"));

var Person = /*#__PURE__*/function () {
  function Person() {
    (0, _classCallCheck2["default"])(this, Person);
  }

  (0, _createClass2["default"])(Person, [{
```

```
    key: "sayname",
    value: function sayname() {
      return 'name';
    }
  }]);
  return Person;
}();

var john = new Person();
console.log(john);
```

可以看到，生成的代码里自动引入了辅助函数，并且比我们手动引入@babel/runtime 里的辅助函数更加美观。实际进行前端开发时，我们除了安装@babel/runtime 包，基本也会安装@babel/plugin-transform-runtime 这个 Babel 插件。

注意：

既然每个转换后的代码上部都会注入一些相同的函数声明，那么为何不用 Webpack 一类的构建工具去掉重复的函数声明，而是单独引入一个辅助函数包呢？

这是因为 Webpack 在构建的时候，是基于模块来做去重工作的。每一个函数声明都是引用类型，在堆内存不同的空间存放，缺少唯一的地址来找到它们。所以 Webpack 本身做不到把每个文件中的相同函数声明去重。因此，我们需要单独的辅助函数包，这样 Webpack 打包的时候会基于模块来做去重工作。

10.6.3　@babel/plugin-transform-runtime 与 API 转换

@babel/plugin-transform-runtime 有如下三大作用。

1）作用一：自动移除语法转换后内联的辅助函数（inline Babel helpers），而是使用@babel/runtime/helpers 里的辅助函数来替代。

2）作用二：当代码里使用了 core-js 的 API 时，自动引入@babel/runtime-corejs3/core-js-stable/，以此来替代全局引入的 core-js/stable。

3）作用三：当代码里使用了 Generator/async 函数时，自动引入@babel/runtime/regenerator，以此来替代全局引入的 regenerator-runtime/runtime。

其中作用一已经在 10.6.2 节进行了讲解，接下来我们着重学习作用二和作用三。

作用二和作用三其实都是在做 API 转换，目的是对内置对象进行重命名，以防止污染全局环境。

在 10.4 节中，我们学习了引入 babel-polyfill（或 core-js/stable）与 regenerator-runtime/runtime 来做全局的 API 补齐。但这时可能产生一个问题，那就是对运行环境产生污染。例如 Promise，我们的 polyfill 对浏览器的全局对象进行了重新赋值，我们重写了 Promise 及其原型链。

有时候，我们不想改变或补齐浏览器的 window.Promise，那么就不能使用 babel-polyfill（或 core-js/stable）与 regenerator-runtime/runtime，因为其会对浏览器环境产生污染（即修改了浏览器的 window.Promise）。

这时我们就可以使用@babel/plugin-transform-runtime，它可以对我们代码里 ES6 的 API 进行转换。下面还是以 Promise 为例进行讲解。

Babel 转换前的代码如下。

```
var obj = Promise.resolve();
```

若使用 babel-polyfill（或 core-js/stable）与 regenerator-runtime/runtime 来做全局的 API 补齐，那么 Babel 转换后的代码仍然如下。

```
var obj = Promise.resolve();
```

polyfill 只是补齐了浏览器的 window.Promise 对象。

若我们不使用 polyfill，而是开启@babel/plugin-transform-runtime 的 API 转换功能。那么 Babel 转换后的代码如下。

```
    var _interopRequireDefault =
require("@babel/runtime-corejs3/helpers/interopRequireDefault");

    var _promise = _interopRequireDefault(require("@babel/
runtime-corejs3/core-js-stable/promise"));

    var obj = _promise["default"].resolve();
```

可以看到，@babel/plugin-transform-runtime 把我们代码里的 Promise 变成了_promise["default"]，而_promise["default"]拥有了 ES 标准里 Promise 的所有功能。现在，即使浏览器没有 Promise，我们的代码也能正常运行。

开启 core-js 相关 API 转换功能的 Babel 配置与安装的 npm 包如下，配套代码示例是 babel10-14。

```
{
  "presets": [
    "@babel/env"
  ],
  "plugins": [
    ["@babel/plugin-transform-runtime", {
      "corejs": 3
    }]
  ]
}
```

别忘了安装 Babel 相关的 npm 包。

```
    npm install --save @babel/runtime-corejs3@7.13.10
    npm install --save-dev @babel/cli@7.13.10 @babel/core@7.13.10
@babel/preset-env@7.13.10 @babel/plugin-transform-runtime@7.13.10
```

那么，上面讲解的 API 转换有什么用呢？明明通过 polyfill 补齐 API 的方法也可以使代码在浏览器里正常运行。其实，API 转换主要是给开发 JS 库或 npm 包的人使用的，前端工程里一般仍然使用 polyfill 来补齐 API。

可以想象，如果开发JS库的人使用polyfill来补齐API，前端工程里也使用polyfill来补齐API，但JS库的polyfill版本或内容与前端工程里的不一致，那么在我们引入该JS库后很可能会导致我们的前端工程出问题。所以，开发JS库或npm包的人会用到API转换功能。

当然，前端工程开发的时候也可以使用@babel/plugin-transform-runtime 的 API 转换功能，毕竟这样做不会污染全局环境，不会有任何冲突。@babel/plugin-transform-runtime 在默认设置下，就是对 Generators/async 开启了 API 转换功能。

细心的读者可能已经发现，我们安装 npm 包的时候，安装的是@babel/runtime-corejs3，而在 10.6.2 节中我们安装的是@babel/runtime。这两者有什么不同呢？

在我们不需要开启 core-js 相关 API 转换功能的时候，我们只需要安装@babel/runtime 就可以了。通过 10.6.2 节我们已经知道，@babel/runtime 里存放的是 Babel 做语法转换的辅助函数。

在我们需要开启 core-js 相关 API 转换功能的时候，需要安装@babel/runtime 的进化版本@babel/runtime-corejs3。这个 npm 包里除了包含 Babel 做语法转换的辅助函数，也包含 core-js 的 API 转换函数。

除了这两个包，还有一个名为@babel/runtime-corejs2 的包。它和@babel/runtime-corejs3 的功能是一样的，只是里面的函数是针对 core-js2 版本的函数。

上面的例子主要是用 Promise 来讲解的，它属于作用二，即对 core-js 的 API 进行转换。其实理解了作用二，也就理解了作用三。下面简单说一下作用三。

在之前的章节中，若转换前代码里有 Generator 函数或 async 函数，则转换后需要引入 regenerator-runtime/runtime 做全局 API 补齐。

要做全局 API 补齐，必然会对浏览器的 window 对象进行修改，如果我们不想污染 window，那么我们就不能引入 regenerator-runtime/runtime。这时我们可以开启@babel/plugin-transform-runtime 的作用三，对 Generator/async 函数进行 API 转换。需要注意的是，@babel/plugin-transform-runtime 对 Generator/async 函数进行 API 转换的功能，默认是开启的，不需要我们设置。

如何开启或关闭@babel/plugin-transform-runtime 的某个功能，除了与安装的 npm 包有关，也与 Babel 配置文件的配置有关，将在接下来的内容中进行讲解。

注意：

如果我们使用@babel/plugin-transform-runtime 来做 polyfill 的事情，那么就不要再使用之前讲过的 polyfill 方式了，无论是单独引入还是@babel/preset-env 的方式都不要再使用，因为我们用 transform-runtime 来做 API 转换的目的就是不污染全局作用域，而使用 polyfill 的方式会污染全局作用域。

10.6.4 @babel/plugin-transform-runtime 配置项

上面我们讲解了@babel/plugin-transform-runtime 的三大作用，现在对@babel/plugin-transform-runtime 的配置项进行讲解，这对读者理解其使用方法会有所帮助。

@babel/plugin-transform-runtime 是否要开启某功能，都是在配置项里设置的，某些配置项的设置需要安装 npm 包。

@babel/plugin-transform-runtime 在没有设置配置项的时候，其配置项参数取默认值。下面的两个配置作用是等效的。

```
{
  "plugins": [
    "@babel/plugin-transform-runtime"
  ]
}
// 是上方的默认值
```

```
{
  "plugins": [
    [
      "@babel/plugin-transform-runtime",
      {
        "helpers": true,
        "corejs": false,
        "regenerator": true,
        "useESModules": false,
        "absoluteRuntime": false,
        "version": "7.0.0-beta.0"
      }
    ]
  ]
}
```

1. helpers

该配置项用来设置是否要自动引入辅助函数包，我们当然要引入了，这是@babel/plugin-transform-runtime 的核心用途。该配置项取值是布尔值，我们设置为 true，其默认值也是 true，所以也可以不设置。

2. corejs 和 regenerator

这两个配置项用来设置是否做 API 转换，以避免污染全局环境，regenerator 的取值是布尔值，corejs 的取值是 false、2 或 3，corejs 取值为 2、3 的含义在 10.5.4 节中已经介绍过。而在前端业务项目里，我们一般设置 corejs 为 false，即不对 Promise 这一类的 API 进行转换。而在开发 JS 库的时候将其设置为 2 或 3。regenerator 取默认值 true 就可以。

3. useESModules

该配置项用来设置是否使用 ES6 的模块化用法，取值是布尔值，默认值是 false，在用 Webpack 一类的构建工具时，我们可以将其设置为 true，以便做静态分析。

4. absoluteRuntime

该配置项用来自定义@babel/plugin-transform-runtime 引入@babel/runtime/模块的路径规则，取值是布尔值或字符串。一般没有特殊需求时，我们不需要修改其值，保持默认值 false 即可。

5. version

该配置项主要是和@babel/runtime 及其进化版@babel/runtime-corejs2、@babel/runtime-corejs3 的版本号有关系，我们只需要根据需要安装这三个包中的一个即可。我们把需要安装的 npm 包的版本号设置给 version。例如，在上面的例子里，安装的@babel/runtime-corejs3 版本是 7.13.10，那么配置项 version 也取 7.13.10。其实该配置项不填默认值就行，填写版本号主要是可以减小打包体积。

另外，在 Babel 6 版本中，该插件还有两个配置项 polyfill 和 useBuiltIns，在 Babel 7 版本中它们已经移除了，大家不需要再使用。

本节介绍了@babel/plugin-transform-runtime 插件的使用方法，要使用该插件，其实只有一个 npm 包是必须要安装的，那就是@babel/plugin-transform-runtime 包。

对于@babel/runtime 及其进化版@babel/runtime-corejs2、@babel/runtime-corejs3，我们只需要根据自己的需要安装一个即可。如果读者不需要对 core-js 做 API 转换，那就安装@babel/runtime 并把 corejs 配置项设置为 false。如果读者需要用 core-js2 做 API 转换，那就安装@babel/runtime-corejs2 并把 corejs 配置项设置为 2。如果读者需要用 core-js3 做 API 转换，那就安装@babel/runtime-corejs3 并把 corejs 配置项设置为 3。

注意：

1）regenerator 的默认值为何是 true？Babel 官方并未解释为何默认值是 true，笔者的理解是，实现 Generator 与 async 函数转换 API 的代码较少，而且也需要一些语法转换，所以默认值设置为 true。如果将其设置为 false，则会污染全局变量。

2）在安装@babel/preset-env的时候，其实已经自动安装了@babel/runtime，不过在项目开发的时候，我们一般都会再单独用npm install命令安装一遍@babel/runtime。

10.7 本章小结

在本章中，我们对Babel进行了深入讲解。

本章主要内容包括Babel版本的变更、Babel配置文件、预设与插件的选择等。@babel/polyfill、@babel/preset-env与@babel/plugin-transform-runtime是掌握Babel使用方法的非常重要的三个npm包，也是本章的核心内容。通过本章的学习，读者会对Babel有一个深层的掌握。

第 11 章

Babel 工具

本章将对 Babel 常见的工具进行讲解。

前面我们已经使用了@babel/cli 与@babel/core 这两个 Babel 工具（每个 Babel 工具都是一个 npm 包），但是没有对它们进行详细的讲解。在本章中，我们除了会对它们做详细的讲解，还会介绍@babel/node 这个 Babel 工具。

11.1　@babel/core

@babel/core 是使用 Babel 进行转码的核心 npm 包，我们使用的 babel-cli、babel-node 都依赖于这个包，我们在前端开发的时候，通常都需要安装这个包。

在我们的工程目录里，执行下面的命令来安装@babel/core。

```
npm install --save-dev @babel/core@7.13.10
```

对于大部分开发者来说，这一节的知识到这里就可以结束了，只需要知道 Babel 转码必须安装这个包即可。而下面的内容会讲解@babel/core 自身对外提供的 API。

无论我们是通过命令行转码，还是通过 Webpack 进行转码，底层都是通过 Node.js 来调用@babel/core 相关功能的 API 来实现的。

我们来看一个例子，这个例子展示了 Node.js 是如何调用@babel/core 的 API 来进行转码的，配套代码示例是 babel11-1。

我们先新建一个 index.js 文件，该文件代码如下所示，我们将会使用 Node.js 来运行该文件。

```
var babelCore = require("@babel/core");
var es6Code = 'var fn = (num) => num + 2';
var options = {
  presets: ["@babel/env"]
};
var result = babelCore.transform(es6Code, options);
console.log(result);
console.log('--------------');
console.log('--------------');
console.log(result.code);
```

下面对以上代码进行解释。

在第 1 行，我们引入了@babel/core 模块，并将模块输出赋值给了变量 babelCore。第 2 行中的变量 es6Code 是一个字符串，字符串内容是一个箭头函数，该字符串内容是我们需要转码的代码，这个变量接下来会被传递给 transform 方法的第一个参数。第 3 行中的 options 是一个对象，可以看到它使用了@babel/env 这个预设，这个对象接下来会被传递给 transform 方法的第二个参数。最后，我们调用 babelCore 的 transform 方法，把结果输出到 Node.js 的控制台上。为了方便看输出结果，中间用'------'隔开。

现在我们执行 node index.js 命令来使用 Node.js 手工转码。观察控制台的输出，可以发现调用 transform 方法后生成的结果是一个对象，该对象的 code 属性值就是我们转码后的结果，如图 11-1 所示。

以上就是@babel/core 底层的调用过程。

transform 方法也可以有第三个参数，第三个参数是一个回调函数，用来对转码后的对象进行进一步处理。@babel/core 除了 transform 这个 API，还有 transformSync、transformAsync 和 transformFile 等同步、异步及对文件进行转码的 API，这里就不展开讲了，用法和上面的 transform 方法大同小异。

```
dell@dell-PC /d/mygit/webpack-babel/11/babel11-1 (main)
$ node index.js
{
  metadata: {},
  options: {
    assumptions: {},
    targets: {},
    cloneInputAst: true,
    babelrc: false,
    configFile: false,
    browserslistConfigFile: false,
    passPerPreset: false,
    envName: 'development',
    cwd: 'D:\\mygit\\webpack-babel\\11\\babel11-1',
    root: 'D:\\mygit\\webpack-babel\\11\\babel11-1',
    plugins: [
      [Plugin], [Plugin], [Plugin], [Plugin],
      [Plugin], [Plugin], [Plugin], [Plugin],
      [Plugin], [Plugin], [Plugin], [Plugin],
      [Plugin], [Plugin], [Plugin], [Plugin],
      [Plugin], [Plugin], [Plugin], [Plugin],
      [Plugin], [Plugin], [Plugin], [Plugin],
      [Plugin], [Plugin], [Plugin], [Plugin],
      [Plugin], [Plugin], [Plugin], [Plugin],
      [Plugin], [Plugin], [Plugin], [Plugin],
      [Plugin], [Plugin], [Plugin], [Plugin]
    ],
    presets: [],
    parserOpts: {
      sourceType: 'module',
      sourceFileName: undefined,
      plugins: [Array]
    },
    generatorOpts: {
      filename: undefined,
      auxiliaryCommentBefore: undefined,
      auxiliaryCommentAfter: undefined,
      retainLines: undefined,
      comments: true,
      shouldPrintComment: undefined,
      compact: 'auto',
      minified: undefined,
      sourceMaps: false,
      sourceRoot: undefined,
      sourceFileName: 'unknown',
      jsescOption: [Object]
    }
  },
  ast: null,
  code: '"use strict";\n\nvar fn = function fn(num) {\n  return num + 2;\n};',
  map: null,
  sourceType: 'script'
}
--------------
--------------
"use strict";

var fn = function fn(num) {
  return num + 2;
};
```

图 11-1　控制台的输出

11.2 @babel/cli

@babel/cli 是一个 npm 包，安装了它之后，我们就可以在命令行里使用命令进行转码了。

11.2.1 @babel/cli 的安装与转码

@babel/cli 的安装方法有全局安装和项目本地安装两种。

执行下面的命令可以进行全局安装。

```
npm install --global @babel/cli
```

执行下面的命令可以进行项目本地安装。

```
npm install --save-dev @babel/cli
```

@babel/cli 如果是全局安装的，我们在命令行里就要使用 babel 命令进行转码。如果是项目本地安装的，我们在命令行里就要使用 npx babel 命令进行转码。下面是一个基本例子，把 a.js 文件转码为 b.js 文件。

转码前需要先安装@babel/core，并配置好 Babel 的配置文件，根据实际开发需求完成即可。

现在来进行转码，在命令行里转码有两种方法，如下。

```
# @babel/cli 如果是全局安装的
babel a.js -o b.js
# @babel/cli 如果是项目本地安装的
npx babel a.js -o b.js
```

这两种方法是等效的，正常情况下，我们推荐使用项目本地安装。

11.2.2　@babel/cli 的常用命令

在我们平时开发中，常用的@babel/cli 命令介绍如下。

1. 将转码后的代码输出到 Node.js 的标准输出流

```
npx babel a.js
```

2. 将转码后的代码写入一个文件（上方刚使用过）中

```
npx babel a.js -o b.js
```

或者

```
npx babel a.js --out-file b.js
```

其中，-o 是--out-file 的简写。

3. 转码整个文件夹目录

```
npx babel input -d output
```

或者

```
npx babel input --out-dir output
```

其中，-d 是--out-dir 的简写。

11.3　@babel/node

@babel/node 和 Node.js 的功能非常接近，@babel/node 的优点是在执行命令的时候可以配置 Babel 的编译配置项。如果遇到 Node.js 不支持的 ES6 语法，我们可以通过@babel/node 来实现。

在 Babel 6 版本中，@babel/node 这个工具是@babel/cli 附带的，所以只要安装了@babel/cli，就可以直接使用@babel/node。但在 Babel 7 版本中，我们需要单独安装该工具。本节配套代码示例是 babel11-2。

```
npm install --save-dev @babel/node@7.13.10
```

当然，在使用该工具之前，我们需要先安装@babel/core，并配置好 Babel 的配置文件，根据实际开发需求完成即可。

```
npm install --save-dev @babel/core@7.13.10
```

然后我们就可以用@babel/node 的 babel-node 命令来运行 JS 文件了。

index.js 文件的内容如下。

```
var promise = Promise.resolve('ok')
console.log(promise)
```

然后执行命令。

```
npx babel-node index.js
```

现在可以看到命令行控制台输出了 Promise 实例，如图 11-2 所示。

```
D:\mygit\webpack-babel\11\babel11-2>npx babel-node index.js
Promise { 'ok' }
```

图 11-2　命令行控制台

@babel/node 也可以像 Node.js 那样进入 REPL 环境。在命令行下执行下面的命令进入 REPL 环境。

```
npx babel-node
```

然后在 REPL 交互环境下输入下面的内容。

```
> (x => x + 10)(5)
```

注意，>是交互环境提示符，不需要我们手动输入。

输入完成后，就可以看到控制台输出结果为 15。

在做前端项目开发的时候，@babel/node 很少会用到。该工具运行的时候需要占用大量的内存空间，Babel 官方不建议在生产环境中使用该工具。

11.4　本章小结

本章主要对 Babel 常见的几个工具进行了讲解。

@babel/cli 与@babel/core 这两个 Babel 工具是比较重要的，本书在进行 ES6 转码时都会使用这两个工具。@babel/core 是使用 Babel 进行转码的核心 npm 包，它提供了大量的转码 API。本章最后介绍了@babel/node 这个 Babel 工具。

第 12 章

Babel 原理与 Babel 插件开发

本章讲解 Babel 的原理及 Babel 插件的开发。

Babel 转码主要包括三个阶段，本章通过一个假想的转码器来模拟这三个阶段的工作，进而帮助读者理解 Babel 的工作原理。在理解了 Babel 的工作原理后，我们会动手编写 Babel 插件。Babel 插件的编写有一些固定的模板，本章将会介绍其编写过程。

12.1 Babel 原理

12.1.1 Babel 转码过程

Babel 的转码过程主要由三个阶段组成：解析（parse）、转换（transform）和生成（generate）。这三个阶段分别由@babel/parser、@babel/core 和@babel/generator 来完成。

下面我们以伪代码的方式来讲解这个转码过程，通过一个假想的转码器来完成该工作。

转换前的代码如下。

```
let name = 'Jack';
```

接下来，假想的转码器开始工作。

首先是解析阶段，会将该代码解析成如下结构。

```
{
  "标识符": "let",
  "变量名": "name",
  "变量值": "Jack"
}
```

接下来做转换阶段的工作，我们发现标识符 let 是 ES6 中的语法，于是把它转换成 ES5 的 var，而其他部分保持不变，转换后如下。

```
{
  "标识符": "var",
  "变量名": "name",
  "变量值": "Jack"
}
```

现在到了生成阶段，我们把转换后的结构还原成 JS 代码。

```
var name = 'Jack';
```

12.1.2　Babel 转码分析

上面我们以一个假想的转码器为例介绍了转码的三个阶段，现在对这三个阶段做进一步的讲解。

1. 解析阶段

该阶段由 Babel 读取源码并生成抽象语法树（AST），该阶段由两部分组成：词法分析与语法分析。词法分析会将字符串形式的代码转换成 tokens 流，语法分析会将 tokens 流转换成 AST。

所谓 AST，是指如图 12-1 所示的树状结构，该图由 AST explorer 生成。有多种工具可以生成 AST，Babel 7 之前的版本主要使用 Babylon，Babel 7 使用由 Babylon

发展而来的@babel/parser 来进行解析工作。

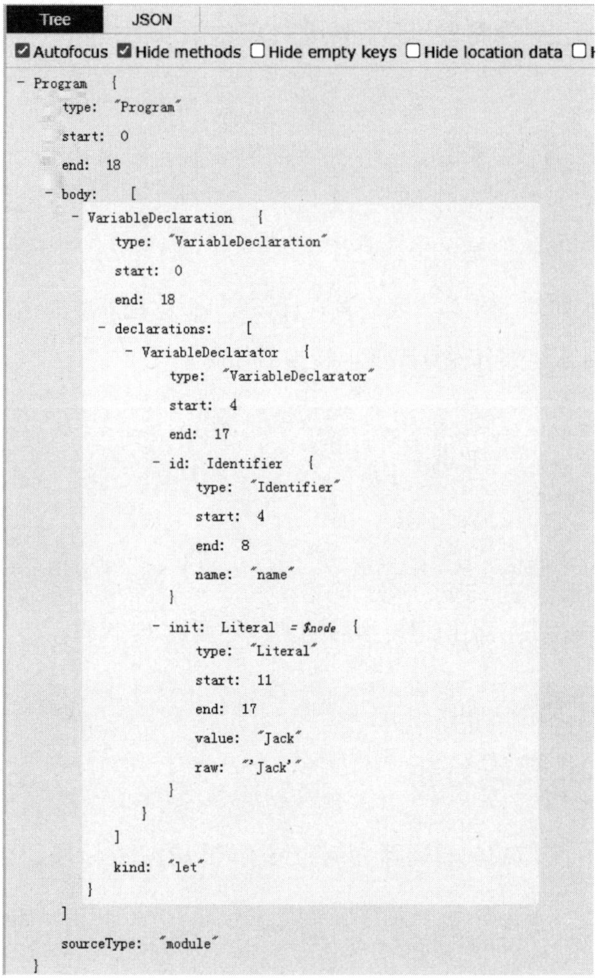

```
Tree   JSON
Autofocus  Hide methods  Hide empty keys  Hide location data
- Program {
    type: "Program"
    start: 0
    end: 18
  - body: [
    - VariableDeclaration {
        type: "VariableDeclaration"
        start: 0
        end: 18
      - declarations: [
        - VariableDeclarator {
            type: "VariableDeclarator"
            start: 4
            end: 17
          - id: Identifier {
              type: "Identifier"
              start: 4
              end: 8
              name: "name"
            }
          - init: Literal = $node {
              type: "Literal"
              start: 11
              end: 17
              value: "Jack"
              raw: "'Jack'"
            }
          }
        ]
        kind: "let"
      }
    ]
    sourceType: "module"
}
```

图 12-1 树状结构

2. 转换阶段

上一个阶段完成了解析工作，生成了 AST，AST 是一个树状的 JSON 结构。接下来就可以通过 Babel 插件对该树状结构执行修改操作，修改完成后就得到了新的 AST。

3. 生成阶段

通过转换阶段的工作，我们得到了新的 AST。在生成阶段，我们对 AST 的树状 JSON 结构进行还原操作，生成新的 JS 代码，通常这就是我们需要的 ES5 代码。

以上三个阶段的重点是第二个阶段（转换阶段），该阶段使用不同的 Babel 插件会得到不同的 AST，也就意味着最终会生成不同的 JS 代码。在我们平时的开发工作中，主要工作也是选择合适的 Babel 插件或预设。

12.2　Babel 插件开发

12.1 节中我们学习了 Babel 的基本原理，本节我们将实际开发一个 Babel 转码插件。

开发 Babel 转码插件的重点是在第二阶段(转换阶段),在这一阶段我们要从 AST 上找出需要转换的节点,改成我们需要的形式,最后在生成阶段把 AST 变回 JS 代码。

12.2.1　编写简单的 Babel 插件

我们先看一个简单的插件例子，该插件的功能是把代码里的变量 animal 变成 dog，配套代码示例是 babel12-1。

demo.js 文件的内容如下。

```
let animal = 'sunry';
```

Babel 使用该插件处理后，将转换成如下代码。

```
let dog = 'sunry';
```

在本书中，我们会把插件文件放在项目本地，如果想要让其他人也可以使用你的插件，可以将其发布到 npm 上。

现在开始插件开发工作。在本地新建一个文件夹，名字叫 plugins，该文件夹用于存放我们开发的插件文件。在 plugins 文件夹下，我们新建一个 JS 文件，名字叫 animalToDog.js，该文件就是我们要开发的插件文件。

那么该如何编写插件文件里的代码呢？先看一个简单插件模板的结构。

```
module.exports = function({ types: t }) {
  return {
    visitor: {
    }
  };
};
```

观察该模板结构，可以发现该插件代码对外输出了一个函数，该函数的返回值是一个对象。这个对象的作用就是对 AST 各个节点进行遍历处理，处理完成后转换成 JS 代码。我们要做的就是对 AST 节点进行处理。

接下来编写我们的插件代码，animalToDog.js 文件的内容如下。

```
module.exports = function({ types: t }) {
  return {
    name: "animalToDog",
    visitor: {
      Identifier(path, state) {
        if (path.node.name === 'animal') {
          path.node.name = 'dog';
        }
      }
    }
  };
};
```

现在我们的插件代码编写完成，接下来就要使用该插件对 demo.js 文件的代码进行转码了。希望读者没有忘记，Babel 插件的调用是在 Babel 配置文件里配置的，我们在配置文件里配置这个插件。

babel.config.js 文件的内容如下。

```
module.exports = {
  // presets: [],
  plugins: ['./plugins/animalToDog.js']
}
```

在使用本地插件时，只需要将其文件路径放在 plugins 数组里即可。

最后，我们安装 Babel 的两个 npm 包@babel/cli 与@babel/core。

```
npm install --save-dev @babel/cli@7.13.10 @babel/core@7.13.10
```

现在我们在命令行执行转码命令，将 demo.js 转换成 after.js 文件。

```
npx babel demo.js -o after.js
```

转码完成后，项目工程目录下多了一个 after.js 文件，在编辑器中打开该文件，其代码正是我们需要的。

```
let dog = 'sunry';
```

可以看到，变量 animal 已成功变成了 dog。

上面这个例子非常简单，读者可以通过这个例子尝试编写一个 JS 代码压缩插件，将变量名非常长的变量替换为单字符变量名的变量。

12.2.2　Babel 插件编写指南

对于刚刚编写的这个插件，读者可能还有不懂的地方，现在对这个插件的代码进行详细解释，以指导读者编写出自己的插件。

animalToDog.js 文件的内容如下。

```
module.exports = function({ types: t }) {
  return {
    name: "animalToDog",
    visitor: {
      Identifier(path, state) {
```

```
        if (path.node.name === 'animal') {
          path.node.name = 'dog';
        }
      }
    }
  };
};
```

Babel 插件的代码总体上要对外输出一个函数，我们在第 1 行里使用 module.exports = function({})的方式对外输出了一个函数，也就是说，Babel 插件本质上就是一个函数，这是 Babel 插件的固定格式。

接下来观察这个函数，我们发现其参数是 types: t ，这里使用了 ES6 的解构赋值。Babel 在调用插件函数的时候，是会向该函数传入参数的，这个参数其实是@babel/types 这个工具库。通过 ES6 的解构赋值，我们把@babel/types 对外提供的对象 types 赋值给变量 t。这里的 t 可以类比于 jQuery 的别名$。@babel/types 工具库可以用来对 AST 的节点进行验证。例如，可以通过 t.isIdentifier 方法验证一个节点是不是 Identifier 类型的。

```
if (t.isIdentifier(path.node.prop)) {
  // ...
}
```

在本书编写的 Babel 插件里，暂时不会真正使用到@babel/types。

接下来，观察插件函数的返回值，其返回值是一个对象，对象属性 name 是该插件的名称，属性 visitor 也是一个对象。我们编写 Babel 插件的主要工作就是修改 visitor 对象，该对象是遍历 AST 各个节点的方法。在上面的插件里，要把变量名 animal 修改为 dog，于是我们修改了 visitor.Identifier 方法，那我们如何知道要修改的是 Identifier 方法呢？

在 12.1 节的 Babel 原理里讲过 Babel 转码的三个阶段：解析阶段、转换阶段和生成阶段，我们编写的 Babel 插件实际上是在执行第二个阶段（转换阶段）的工作，该工作需要前一个阶段解析工作先完成。在解析阶段，我们得到了转码前代码的 AST

树状结构信息，该 AST 上会有 Identifier 等节点信息，我们编写插件的时候参考该 AST 的信息即可。一个简单的方法是通过开源工具 AST explorer 来得到 AST 信息，如图 12-2 所示。

```
VariableDeclaration  {
   type:  "VariableDeclaration"
   start:  0
   end:  21
 + loc:  {start, end, filename, identifierName}
   range:  undefined
   leadingComments:  undefined
   trailingComments:  undefined
   innerComments:  undefined
   extra:  undefined
 - declarations:   [
    - VariableDeclarator   {
         type:  "VariableDeclarator"
         start:  4
         end:  20
       + loc:  {start, end, filename, identifierName}
         range:  undefined
         leadingComments:  undefined
         trailingComments:  undefined
         innerComments:  undefined
         extra:  undefined
       - id:  Identifier   {
            type:  "Identifier"
            start:  4
            end:  10
          + loc:  {start, end, filename, identifierName}
            range:  undefined
            leadingComments:  undefined
            trailingComments:  undefined
            innerComments:  undefined
            extra:  undefined
            name:  "animal"
         }
       + init:  StringLiteral {type, start, end, loc, range, ... +5}
      }
   ]
   kind:  "let"
}
```

图 12-2　AST 信息

我们接着看 Identifier 方法，可以看到它有两个参数 path 和 state，visitor 中的每个方法都接收这两个参数，path 代表路径。最后我们判断 path 上节点信息 name 是不是 animal，是的话把它修改为 dog 即可。

12.2.3 手写 let 转 var 插件

在这个示例中，我们要转码的代码仍然是 demo.js，配套代码示例是 babel12-2。

demo.js 文件的内容如下。

```
let animal = 'sunry';
```

我们按照上面学习的编写 Babel 插件的方法来编写这个插件。第一步，对代码解析获取 AST 信息，我们已经在图 12-2 中获得了 AST 信息，该步工作完成。接下来进行第二步，修改 AST。要修改 AST，首先要找到需要修改的地方，我们观察 AST 节点信息，发现 let 出现在图 12-2 最下方的 kind 属性里，其对应的节点是 VariableDeclaration，因此我们修改 visitor 的 VariableDeclaration 方法即可。

现在我们来完成这个 Babel 插件的编写，该插件名为 letToVar。

letToVar.js 文件的内容如下。

```
module.exports = function({ types: t }) {
  return {
    name: "letToVar",
    visitor: {
      VariableDeclaration(path, state) {
        if (path.node.kind === 'let') {
          path.node.kind = 'var';
        }
      }
    }
  };
};
```

最后，我们安装 Babel 的两个 npm 包@babel/cli 与@babel/core。

```
npm install --save-dev @babel/cli@7.13.10 @babel/core@7.13.10
```

现在我们在命令行上执行转码命令，将 demo.js 文件转换成 after.js 文件。

```
npx babel demo.js -o after.js
```

转码完成后，在编辑器中打开 after.js 文件，可以发现其代码已经成功转码。

```
var animal = 'sunry';
```

12.2.4　Babel 插件传参

我们常用的 Babel 插件都是支持传入参数的，如@babel/plugin-transform-runtime。现在，我们对上面编写的插件做一些修改，可以通过在 Babel 配置文件里配置参数来决定是否把 let 转成 var。

修改 plugins 的配置项，我们给插件 letToVar 传入了配置参数 ES5，该参数表示是否要将 let 转码成 var，若 ES5 的值是 false 则不进行转换，而值是 true 则进行转换。

```
module.exports = {
  // presets: [],
  plugins: [['./plugins/letToVar.js', {
    ES5: false
  }]]
}
```

接下来，修改我们的插件源码，在插件内部可以通过 state.opts 获取 Babel 配置文件配置的参数，配套代码示例是 babel12-3。

letToVar.js 文件的内容如下。

```
module.exports = function({ types: t }) {
  return {
    name: "letToVar",
    visitor: {
      VariableDeclaration(path, state) {
        if (path.node.kind === 'let' && state.opts.ES5 === true) {
          path.node.kind = 'var';
```

```
            }
          }
        }
      };
    };
```

完成上面插件的编写，安装与之前一样的 npm 包后执行转码命令，得到转码后的文件。可以发现，当配置参数 ES5 为 false 时，let 没有转码成 var。当我们把 ES5 修改为 true 时，let 就会转码成 var。

12.3 本章小结

本章讲解了 Babel 原理及 Babel 插件的开发。

在 12.1 节中，首先通过一个假想的转码器模拟了 Babel 工作的三个阶段，帮助读者理解 Babel 的工作原理。在 12.2 节中，讲解了编写 Babel 插件的方法，并通过三个编写插件的例子展示了编写过程。通过本章的学习，读者可以编写出自己的 Babel 插件。接下来，读者可以继续深入 Babel 插件代码优化等内容，相关资料可以参考 Babel 的官方开发者博客等。

附录A

Module Federation 与微前端

Webpack 5 引入的一个重要特性就是 Module Federation，它使得 JS 应用可以动态调用其他 JS 应用中的代码，从而解决多个应用间代码共享的问题。

传统上，要复用前端代码，一种方法是通过文件抽离的方式，把需要复用的代码抽取到单独的文件里，在需要使用的地方引入这些文件即可，这种方法只适用于单个项目。如果要在多个项目里复用代码，只能通过复制文件的方法进行。这种方法的好处是简单，但维护性较差。另一种方法是通过 npm 包的方法，它解决了多个项目里复制文件的问题，但也存在着版本更新与上线流程复杂的问题。

Module Federation 很好地解决了以上这些问题，只需要在 Webpack 的配置文件里进行少量配置，就可以进行代码复用。

Module Federation 有两个重要概念：本地应用和远程应用。本地应用是指会使用远程应用里代码的 Webpack 应用，远程应用是指提供被本地应用使用的代码的 Webpack 应用。

需要注意的是，虽然名称叫作远程应用，但它可以与本地应用同时运行在一台机器上，远程在这里的含义是提供共享模块。

我们来看一个使用案例，下面是本地应用的一个 Vue 组件。

index.vue 文件的内容如下。

```
<template>
  <div id="app">
    <Input></Input>
  </div>
</template>

<script>
export default {
  name: 'App',
  components: {
    Input: () => import('app2/Input')
  }
}
</script>
```

下面是远程应用的 Webpack 配置。

```
const { ModuleFederationPlugin } = require("webpack").container;

module.exports = {
  //...
  plugins: [
    new ModuleFederationPlugin({
      name: "app2",
      filename: "remote.js",
      exposes: {
        "./Input": "./src/Input",
      }
    }),
  ],
};
```

Module Federation 是 Webpack 自身的一个插件，通过 require("webpack").container 获取后就可以在 plugins 数组里配置该插件了。它支持几个参数，对于远程应用主要有以下几个重要配置。

1）name：当前应用名称。

2）filename：远程应用构建出来的文件名称，可提供该文件给其他应用使用。

3）exposes：对外提供的组件，表示远程应用在被其他应用使用时，有哪些输出内容可以被使用。其值是一个对象，对象的每一个键值对表示可被输出的内容。属性名是输出内容在被其他应用使用时的相对路径，属性值是输出内容在当前应用中的路径。其他应用使用输出内容时会通过${name}/${expose}引入，其中的 name 指在其他应用里定义的输出内容的别名，expose 指远程应用 exposes 属性名。例如，上面的 index.vue 中引入远程输出内容的代码如下，其中"app2"是应用别名，应用别名在本地应用的 Webpack 配置里定义，而"Input"是远程应用 exposes 的属性名，该属性名是一个相对路径，二者组成'app2/Input'。对于该配置，需要结合下边的内容一起理解。

```
import('app2/Input')
```

下面是本地应用的 Webpack 配置。

```
const { ModuleFederationPlugin } = require("webpack").container;

module.exports = {
  //...
  plugins: [
    new ModuleFederationPlugin({
      name: "app1",
      remotes: {
        app2: "app2@http://localhost:3002/remote.js",
      }
    }),
  ],
};
```

以上代码中的关键点是 remotes 这个配置项，它表示引用的远程应用，对象的属性名表示远程应用在本应用使用时的名称，对象的属性值表示应用路径，路径由被"@"分开的两部分组成，分别是远程应用名称及远程应用的地址，这里 http://localhost:3002/是远程应用的服务地址。

除了这几个重要配置，还有 shared 和 library 等配置项，shared 可以处理多个应用中有共用依赖的问题，这里不再展开讲解。

上面这个例子通过 Module Federation 解决了代码复用问题，对于代码复用，Module Federation 还可以做得更多。

Module Federation 有两个重要的用途：打包速度优化与微前端，其实上面的例子就是 Module Federation 在微前端方面的应用雏形。

微前端是指将单个大型前端应用转变成由多个小型前端应用组成的应用，各个小应用可以独立开发、部署与运行。微前端的解决方案有很多，目前比较著名的开源微前端解决方案有 qiankun（见链接 11）。

微前端的优点有很多，例如可使用多个技术栈、独立开发与部署及增量升级等，但它同样存在着重复依赖与操作复杂度高等缺点，遭到了很多开发者的批判。

Module Federation 的出现使我们看到了克服这些缺点的希望，它也许会成为微前端的终极解决方案。

附录B

Babel 8 前瞻

在写作本书的时候，Babel 8 还在开发中，预计在 2022 年会发布 Babel 8 的正式版本，下面对未来的 Babel 8 版本做一简单介绍。

从 Babel 5、Babel 6 到 Babel 7 这几个版本，随着每次版本变化，Babel 都有非常大的更改，前端工程若要对 Babel 进行升级，往往涉及非常多的工作量，这给开发者带来了不好的体验。但 Babel 8 的变化相对 Babel 7 来说是一个比较平滑的升级，未来从 Babel 7 升级到 Babel 8 会相对容易。

Babel 8 的主要变化如下。

1）对 Flow 和 TypeScript 编译支持的更改。

2）对 JSX 编译支持的更改。

3）Babel 配置方面的更改，例如默认编译目标环境不考虑 IE 11，默认取消对 core-js@2 的支持等。

4）API 支持方面的调整，未来 Node.js 需要升级到 12.19 及以上版本来更好地使用 Babel。

还有一些其他变化，就不一一列举了，未来 Babel 的正式版本可能还会有所调整，这里仅供参考。

对于开发人员而言，一个重要的关注点是 Babel 的转码速度。对于 Babel 8.x 是否会比 Babel 7.x 的编译速度更快的问题，Babel 官方开发人员给出的答复是“并不会有性能方面的优化”。另外，从技术升级更新的过渡时间来说，未来 Babel 7.x 还会使用很长一段时间。在 Babel 8 正式版发布后，读者可以到我的网站（见链接 16）获取相关的技术资料。